快速簡單 · 健康美味

好好吃
早午餐
元氣料理

法式香蕉可麗餅、和風燒肉口袋吐司、韓式海苔鮮香飯卷

以愛和營養調味的幸福早午餐人氣提案

88 道

艾蘇美・著

　　童年在鄉下和爺爺奶奶一起生活的時光，是我這輩子最快樂的日子！雖然短暫卻也最深刻難忘。

　　當時，每天叫醒我的不是夢想，而是再熟悉不過的飯菜香。

　　天剛泛起魚肚白的清晨，伴隨著雞鳴，隔著紗窗望去，爺爺已經擔起水桶正在替菜圃澆水灌溉；而一牆之隔的廚房也傳來鏗鏘作響的鍋鏟聲，沒一會兒奶奶已經準備好早餐吆喝著大家上桌。

　　有時是清粥小菜，一鍋蕃薯粥、幾顆醬油荷包蛋、一小碟炒花生、幾樣手工醬菜；有時候是現磨現熬的豆漿、米漿，配上包子、油條；有時是家常炒麵、煎粿……這些菜很簡單卻也十足美味！讓我每天都吃得飽飽，心滿意足的上學去。

　　這份一直以為理所當然的幸福就在升上三年級那年被父母接回同住停止了！因為父母工作忙碌，早上總是還在睡夢中，所以早餐通常都是前晚準備好的一袋麵包、一瓶牛奶，讓孩子自行解決。這種早餐雖然沒有不好，但就是特別懷念那股帶有溫度的、新鮮現做的味道！

　　自己有了孩子後，除了健康考量外，另一方面也是私心的想讓孩子也能擁有同樣的幸福回憶，所以開啟了為孩子早起做早餐的行動。看著孩子每天期待，今天不知道會是什麼早餐的表情，著實覺得有趣和滿足！

　　有人會問，每天早起準備早餐不累嗎？不會很趕嗎？

　　除了有大部分是天生母愛驅動使然外，當然還需要一些幫助自己快速出餐的小訣竅。包含前一晚的事前準備，例如：會用到的肉片、餡料事先醃好調好冷藏備用；可以先做好的半成品可以提前完成；可以先清洗分切的食材也可以事先備好。還有善用手邊現有的家電用品用具，例如：製作雞排三明治時，可用氣炸鍋氣炸雞排，同時間瓦斯爐手煎荷包蛋，另一頭用烤箱烤吐司。幾分鐘後，東西陸續出爐，就可快速進入組裝並出餐上桌！

　　其實做早餐是可以很放鬆、很享受也很隨意的，偶爾累的時候直接交給外賣也無妨，無須情緒勒索自己，愛孩子、家人的心並不會因少做幾頓早餐而有所改變！

　　這本書誕生的出發點，除了幫自己記錄這四年來的愛的堅持外，也希望能幫助到想親自幫孩子、家人做早午餐，卻沒頭緒的朋友，更多的靈感和更有效率的準備方式。

　　因應現代人的作息，我的食譜規劃除了早餐外，當然也很適合做為早午餐，甜點系列也很適合做為午茶點心；另外，特別加入蔬食類型的食譜，讓家有吃素的長輩，也能共同享用愛心早午餐，加上維根蔬食風潮正盛，偶爾來點清爽的蔬食料理變換口味也很棒！因為疫情關係大家減少外出用餐的機會，我簡化了食譜難度及步驟，連孩子都能輕易上手，爸爸媽媽們可以趁著假日在家與孩子一起手作全家的早午餐，不只健康營養，更能享受難得的親子時光！

目錄 Contents

Menu 1 人氣滿分，必吃烘焙類餐點提案

Menu 2 元氣滿點，Q 彈米飯愛好者提案

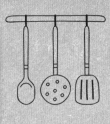

Menu 3

周遊列國，異國飄香好風味提案

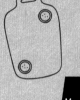

Menu 4 百吃不膩，就愛中式這款味提案

Menu 5

健康選擇，無負擔維根蔬食提案

Menu 6

來點甜甜，心花開滿足味蕾提案

| 料理時間索引 |

●烘焙食物　●米飯愛好　●異國風味　●中式美食　●健康蔬食　●甜點選擇

≦ 10 分鐘

11～15分鐘

●烘焙食物 ●米飯愛好 ●異國風味 ●中式美食 ●健康蔬食 ●甜點選擇

16～20 分鐘

21 ～ 30 分鐘

>30 分鐘

常備食材與醬料

為了方便快速的料理早午餐，我通常會準備一些常用的半成品食材在冰箱，再搭配一些配料、醬料、調味粉，就可以輕鬆優雅的完成健康又美味的一餐囉！

以下就是我家廚房的「常備食材」：

主食類

蛋餅皮、墨西哥餅皮、各式麵條、吐司（冷凍保存）、白飯（平常多煮時會分成小份量冷凍，要吃的時候直接蒸）。

麵粉（我會常備低筋、中筋，做麵食、蛋餅皮和煎餅都用得到）

鬆餅粉（鬆餅粉很容易購買得到，種類也很多，甚至也有標榜不含添加物的產品，買現成的很方便。）

肉類

醃肉片（我的冰箱一定會有醃肉片，隨時拿來夾吐司、做壽司內餡，或是其他變化都很方便。我會在前一晚的睡前醃肉，這樣隔天早餐時就能用。放冷藏會建議 2 ～ 3 天就用掉！如果醃的量比較多，可以把一部分冷凍起來，要使用的前一晚再移至冷藏退冰。）

肉燥（滷一鍋時會分小份冷凍，早午餐時可以簡單拌麵、拌飯，要和其他半成品搭配做些變化也很容易。）

我常用的醃料為：蒜末、薑末胡椒、糖、醬油、五香粉。

配料類

肉鬆、海苔、起司片、焗烤用起司絲、生菜、各式水果（事先洗好、切好，放到冷藏備用）

常用醬料

美乃滋、番茄醬、蜂蜜、各式果醬、煉乳、醬油、蠔油、味霖、炸醬、烤肉醬（有時為了快速會直接用市售烤肉醬來調味或醃肉。如果要自己醃，我的醃料會用蒜末、薑末、胡椒粉、糖、醬油、五香粉。）

調味粉

白胡椒粉、黑胡椒粉、義大利香料、肉桂粉、羅勒粉、海苔粉、五香粉

Menu
1

人氣滿分
必吃烘焙類餐點提案

10分鐘	需要器具	煎鍋

三明治小丸子

材料

小丸子麵包	5 個
雞蛋	2 顆
火腿	2 片
生菜	適量
番茄醬	適量

作法

1. 火腿切成小塊備用。

2. 雞蛋打勻成蛋液，入鍋煎炒成散蛋，起鍋備用。

3. 小丸子麵包剖開，依序夾入生菜、火腿、炒蛋，最後再淋上適量的番茄醬即完成。

Tips

麵包用的是一般大賣場常看到的草莓夾心小丸子麵包。

10分鐘	需要器具	烤箱 or 氣炸鍋	煎鍋

Brunch 02

香酥火腿起司菠蘿包

材 料

菠蘿麵包⋯⋯⋯⋯⋯1 個

起司片⋯⋯⋯⋯⋯⋯1 片

美乃滋⋯⋯⋯⋯⋯⋯少許

火腿⋯⋯⋯⋯⋯⋯⋯1 片

作 法

1　菠蘿麵包放入烤箱或氣炸鍋，加熱 3～5 分鐘取出，備用。

2　火腿片放入鍋中煎香，備用。

3　加熱後的菠蘿麵包剖開，塗上一層美乃滋，再依序夾入起司、火腿即完成。

―― Tips ――

常見又容易取得的菠蘿麵包，稍微做點變化就能讓美味加分！夾餡可隨意加入個人喜歡的食材。

吐司好棒棒

15 分鐘	需要器具	烤箱	or	氣炸鍋

材料

吐司	3 片
起司片	3 片
小熱狗	3 支
雞蛋	1 個
麵包粉	適量

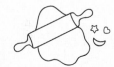

作法

1. 吐司去邊，**擀成扁平狀（壓平也可以）**備用；雞蛋打勻成蛋液備用。
2. 取一片吐司，放上一片起司片，再放上一根小熱狗，緊密捲起，兩頭也稍微捏緊縮口。
3. 利用保鮮膜包緊，靜置約 5～10 分鐘讓其定型。
4. 將定型後的吐司棒均勻裹上一層蛋液，再沾附一層麵包粉。
5. 表面噴點油放入氣炸鍋或烤箱，175 度烤 10 分鐘，即完成。

Tips

① 吐司棒可在前一晚先捲好，包覆保鮮膜後直接冷藏，隔天再取出直接進行後續動作。

② 搭配番茄醬、芥末蜂蜜醬食用更美味。

③ 可插上竹籤做造型，好玩又美味！

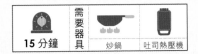

	需要器具		
15 分鐘		炒鍋	吐司熱壓機

Brunch 04

洋蔥豬肉帕里尼

材料

吐司	4 片	味霖	1 大匙
薄豬肉五花肉片	200g	白胡椒	少許
洋蔥	½ 顆	水	少許
醬油	1 大匙		
蠔油	1 小匙		

作法

1　薄五花肉片切小片；洋蔥剝去外皮、切除頭尾、切絲。

2　取一鍋，開中火熱鍋，放點油，加入洋蔥炒出香味。

3　放入豬肉拌炒至變白色。

4　加入醬油、蠔油、味霖拌炒均勻後，加入少許水煨煮一下。

5　灑上白胡椒粉，拌勻，起鍋備用。

6　取一片吐司，放上炒好的洋蔥豬肉，蓋上另一片土司，再放入帕里尼的吐司熱壓機熱壓約 2 分鐘，即完成。

Tips

熱壓時間依照機器不同會有所變動，需視情況微調。

Brunch 05
人氣鯛魚燒三明治

| 20分鐘 | 需要器具 | 鬆餅機 | 鯛魚燒烤盤 |

材料

鬆餅粉	150g
雞蛋	1個
牛奶	100ml

水煮蛋（切片）	1顆
培根（切小段）	適量
小番茄或牛番茄（對剖或切片）	適量
生菜	適量
美乃滋	適量

作法

1　將鬆餅粉、雞蛋、牛奶混合拌勻成麵糊備用。

2　取出鬆餅機，倒入麵糊，烤出一隻隻鯛魚燒鬆餅備用。

3　取一鍋，開中小火熱鍋，放入培根煎熟備用。

4　將烤好的鯛魚燒對剖開來，底部不要完全切開，依序夾入生菜、培根、番茄、水煮蛋，最後淋上適量美乃滋即完成。

Tips
❶ 鬆餅麵糊會因為不同品牌的鬆餅粉而有不同的比例，請參考包裝上的建議調配比例。
❷ 鯛魚燒烤製的時間會因機器不同而需要有所微調。

Brunch 06

和風燒肉口袋吐司

	需要器具	
15 分鐘		炒鍋

材料

厚片吐司	1 ～ 2 片	味霖	2 大匙
五花豬肉片	200g	水	少許
洋蔥	½ 顆	白胡椒粉	少許
醬油	1 ～ 2 大匙	生菜	適量
蠔油	1 小匙		

作法

1　五花豬肉片切成小片；洋蔥剝去外皮、切除頭尾、切絲，備用。

2　取一鍋，開中火熱鍋，放點油，放入洋蔥炒出香味並呈微透明狀。

3　放入豬肉片拌炒至變成白色。

4　加入醬油、蠔油、味霖拌炒均勻，倒入少許水煨煮約 2 分鐘。關火，加入白胡椒粉拌勻，即可起鍋備用。

5　厚片吐司切去前端約 2 公分，再用尖刀把吐司剖開成一個口袋狀。

6　依序放入生菜、燒肉片即完成。

Tips

如果敢吃薑，加一點點薑末拌炒會更有日式燒肉的風味唷。

| 10分鐘 | 需要器具 | 烤箱 | or | 氣炸鍋 |

夏威夷火腿披薩

材料

吐司 ································· 1～2 片
番茄醬或義大利麵紅醬 ··· 1 匙
火腿片 ······························ 適量
鳳梨（罐頭） ····················· 適量
羅勒葉或乾燥香草粉 ··· 少許
焗烤用起司絲 ····················· 適量

作法

1　取一片吐司，均勻塗上一層番茄醬或義大利麵紅醬。

2　依序放上火腿片、鳳梨、羅勒，再灑滿起司，放入氣炸鍋或烤箱，以170度氣炸 6～7 分鐘即完成。

Tips

若是使用烤箱烘烤，所需的時間會比氣炸鍋稍微多幾分鐘。

10 分鐘	需要器具	平底鍋	熱壓機

Brunch 08

草莓蛋熱壓吐司

材料

吐司⋯⋯⋯⋯⋯⋯2 片

雞蛋⋯⋯⋯⋯⋯⋯1 顆

草莓醬⋯⋯⋯⋯適量

作法

1　雞蛋入鍋煎成荷包蛋備用。

2　取兩片吐司，均勻塗上草莓醬，中間夾入煎好的荷包蛋。

3　放入吐司熱壓機裡熱壓約 2 分鐘，即完成。

Tips

❶ 熱壓所需的時間會因為機器不同而有所增減。

❷ 這道食譜可以依照個人口味，替換成不同的果醬；也很適合讓孩子自己發揮創意，塗抹喜愛的果醬與食材，自己動手做，讓食物更美味。

Mini 一口漢堡包

	需要器具	
20 分鐘		章魚燒烤盤

材 料

鬆餅粉⋯⋯⋯⋯⋯150g

雞蛋⋯⋯⋯⋯⋯⋯1 個

牛奶⋯⋯⋯⋯⋯⋯100ml

市售冷凍炸雞塊⋯⋯適量

起司片（裁成小片備用）⋯⋯⋯⋯1～2 片

生菜（撕成小片備用）⋯⋯⋯⋯適量

作 法

1　將鬆餅粉、雞蛋、牛奶混合拌勻成麵糊備用。

2　取出章魚燒烤盤，均勻塗抹一點油，預熱後倒入適量麵糊，烤出一個個半圓的鬆餅備用。

3　將冷凍雞塊放入氣炸鍋，以 180 度氣炸 10 分鐘後取出備用。

4　用做漢堡的方式，把兩個半圓鬆餅中間依序夾入生菜、炸雞、起司片就完成了。

Tips

❶ 趕時間的話可以在前一晚先將漢堡包製作好備用，隔天只要用烤箱或氣炸鍋稍微加熱一下，再夾入喜歡的配料就可以快速完成。

❷ 鬆餅麵糊會因為不同品牌的鬆餅粉而有不同的比例，請參考包裝上的建議調配比例。

Brunch 10

香鬆格子饅頭

| 20分鐘 | 需要器具 | 烤箱 | or | 氣炸鍋 | 電鍋 |

材料

饅頭	1～2 顆	肉鬆	½～1 碗
蔥花	1 碗	蛋液	適量
有鹽奶油	20g		
胡椒鹽	少許		

作法

1 有鹽奶油隔水加熱融化，備用。

2 冷凍饅頭放入電鍋先蒸軟，取出備用。

3 把蔥花、胡椒鹽放入融化後的奶油，拌勻備用。

4 把饅頭切井字格子狀。

5 將蔥花一一塞入饅頭各個格子中，再塞入適量肉鬆，最後表面塗上一層蛋液。

6 將饅頭放入氣炸鍋，以 170 度氣炸約 7～8 分鐘即完成。

Tips

❶ 如果饅頭是冷藏狀態可以直接使用不需蒸過。

❷ 步驟 6 若是使用一般烤箱烘烤，需先預熱 10 分鐘，氣炸鍋則不用。

Brunch 11

韓式街頭三明治

	需要器具	
15 分鐘		平底鍋

材 料

吐司	2 片	雞蛋	1～2 顆
火腿	1 片	起司片	1 片
無鹽奶油	1 小塊	砂糖	1 大匙
高麗菜絲	½ 碗	番茄醬	適量
紅蘿蔔絲	¼ 碗	美乃滋	適量
蔥末	少許		

作 法

1. 取一平底鍋加熱，轉小火，放入奶油稍微融化後，放入吐司煎至兩面金黃，起鍋備用；火腿片也入鍋煎香備用。

2. 把高麗菜絲、紅蘿蔔絲、蔥末、雞蛋，混合打勻。鍋裡再放入一些奶油，倒入拌好的蔬菜蛋液，煎成兩面金黃的高麗菜蛋，起鍋備用。

3. 取一加熱後的吐司，依序放上高麗菜蛋，灑上一匙砂糖、淋上適量番茄醬、美乃滋，再放上火腿片、起司片，最後蓋上吐司，即完成。

Tips

這道料理是韓國非常受歡迎的街邊小吃。作法雖然簡單，但因為材料豐富，各個食材都散發自己迷人的香味，滋味滿分！不只可以當作早餐，作為下午茶點或帶去野餐也非常適合喔。

Brunch 12

起司雞肉海苔吐司卷

	需要器具		
10分鐘		平底鍋	吐司熱壓機

材 料

吐司	2 片	小黃瓜	½ 根
海苔	2 小張	美乃滋	少許
起司片	2 片	雞蛋	1 個
雞柳或雞胸肉	2 小條		

作 法

1　小黃瓜洗淨、切除頭尾、切成細條，備用；雞蛋打成蛋液備用。

2　雞肉切成細長條，入鍋煎熟備用。

3　取一片吐司，壓／**擀**成扁平狀，依序放上海苔、起司片、雞肉、小黃瓜，淋上適量美乃滋，將吐司緊密捲起。（開口處塗點蛋液幫助密合）

4　捲好的吐司卷外層裹上一層蛋液，放入吐司熱壓機，熱壓約 3 分鐘即完成。

Tips

❶ 步驟 3 將吐司捲起時，開口處可以塗點蛋液幫助密合。

❷ 步驟 4 也可以直接入鍋將吐司卷煎到表面金黃即完成。

Brunch 13

元氣培根蛋鬆餅堡

| 20 分鐘 | 需要器具 | 平底鍋 |

材料

鬆餅粉⋯⋯⋯⋯150g	雞蛋⋯⋯⋯⋯1 顆
雞蛋⋯⋯⋯⋯1 個	生菜⋯⋯⋯⋯適量
牛奶⋯⋯⋯⋯100ml	番茄醬⋯⋯⋯⋯少許
培根（切成適當大小）⋯1～2 片	美乃滋⋯⋯⋯⋯少許
起司片⋯⋯⋯⋯1 片	

作法

1　將鬆餅粉、雞蛋、牛奶混合，拌勻成鬆餅麵糊備用。

2　取一平底鍋，開中小火熱鍋，鍋熱後倒入適量麵糊成圓形狀，煎至表面起蜂巢狀泡泡後，翻面再煎一下，熟成後取出備用。（同樣動作反覆幾次製作多片）

3　再次熱鍋，放點油，放入培根煎香，也一起煎顆荷包蛋，熟成全部取出備用。

4　取一鬆餅，像漢堡一樣依序夾入生菜、美乃滋、荷包蛋、番茄醬、培根、起司片，即完成。

Tips
鬆餅麵糊不同品牌有不同的比例，請參考包裝上的建議調配比例。

| 15分鐘 | 需要器具 | 烤箱 | or | 氣炸鍋 | or | 微波爐 | 平底鍋 |

黃金燒肉起司貝果

材料

貝果⋯⋯⋯⋯⋯⋯⋯⋯1 個
洋蔥（切絲）⋯⋯⋯⋯⅓ 個
豬肉片（切小段）⋯⋯1 碗
烤肉醬⋯⋯⋯⋯⋯⋯⋯1 大匙
起司片⋯⋯⋯⋯⋯⋯⋯1 片
生菜⋯⋯⋯⋯⋯⋯⋯⋯適量

作法

1 貝果先放入氣炸鍋、烤箱或微波爐加熱備用。

2 取一鍋，開火熱鍋，加入一點油，先放入洋蔥炒香。

3 放入豬肉片炒至無血色後，加入烤肉醬快速拌炒均勻，起鍋備用。

4 把貝果橫向剖開，依序夾入生菜、洋蔥豬肉、起司片即完成。

	需要器具		
10 分鐘		氣炸鍋 or	烤箱

Brunch 15

煉乳起司燒

材 料

吐司⋯⋯⋯⋯⋯1～2 片
煉乳⋯⋯⋯⋯⋯1 匙
焗烤用起司絲⋯⋯適量
蛋液⋯⋯⋯⋯⋯少許
海苔粉⋯⋯⋯⋯少許（可略）

作 法

1　取一片吐司，均勻塗上一層煉乳，再鋪滿起司絲。

2　將吐司放入氣炸鍋或烤箱，以 170 度先烤 5 分鐘，再將吐司取出，於表面均勻塗上一層蛋液，再放入氣炸鍋或烤箱繼續烤 3 分鐘，灑上海苔粉，即完成。

—— Tips ——

這道食譜也可以依據喜好變換成更花俏的口味，例如加上地瓜泥，就變成鹹甜口味的黃金（地瓜）起司燒。

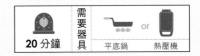

蔥花起司肉鬆卷

20 分鐘	需要器具	平底鍋 or 熱壓機

材料

吐司	2 片	肉鬆	適量
起司	2 片	美乃滋	少許
雞蛋	2 顆		
蔥花	適量		

作法

1　蔥花、雞蛋混合，均勻打成蔥花蛋液備用。

2　取一吐司放入蔥花蛋液，使其均勻吸附蛋液後，放入鍋裡煎至兩面金黃，起鍋備用。（這動作也可以用吐司熱壓機來加熱烘烤）

3　將煎好的吐司放上起司片，直接卷起，外層再包裹上保鮮膜或烘焙紙，靜置約 10 分鐘讓吐司卷定型。

4　待吐司卷定型後再一切為二，吐司卷兩端塗上適量美乃滋，再均勻沾裹肉鬆，即完成。

Tips

這道鹹甜好吃的吐司小點，是麵包店常見的產品，其實作法很簡單，也很適合帶著孩子一起製作，自己動手做美食，讓孩子獲得成就感。

香甜玉米焗吐司

| 需要器具 | 10 分鐘 | 烤箱 or 氣炸鍋 |

材料

吐司	1 ～ 2 片
美乃滋	適量
玉米粒	½ 碗
焗烤用起司絲	適量
海苔粉	少許

作法

1. 吐司均勻塗上一層美乃滋。

2. 放上滿滿的玉米粒,再淋上適量的美乃滋。

3. 鋪上滿滿的起司絲,灑上海苔粉,放入氣炸鍋或烤箱,以 180 度氣炸約 6 ～ 7 分鐘,即完成。

Tips

焗烤吐司的變化性也很大,只要放上愛吃的食材再鋪上滿滿的起司絲,接受度都很高喔!

	需要器具		
20 分鐘	氣炸鍋	or	烤箱

Brunch 18

飽口雞腿排脆皮貝果

材料

貝果⋯⋯⋯⋯⋯⋯1 個

去骨雞腿排⋯⋯⋯⋯1 支

烤肉醬⋯⋯⋯⋯⋯2 大匙

起司片⋯⋯⋯⋯⋯⋯1 片

生菜⋯⋯⋯⋯⋯⋯⋯適量

作法

1 前一晚先將雞腿排均勻抹上烤肉醬冷藏醃漬。

2 貝果以氣炸鍋或烤箱加熱備用。

3 醃好的雞腿排放入氣炸鍋，以 180 度烤約 15 分鐘後取出備用。

4 貝果剖開，依序夾入生菜、雞腿排、起司片，即完成。

=== Tips ===

烤肉醬可以依據喜好，選擇不同口味來醃漬雞腿喔！

Brunch 19

燒肉可頌三明治

| 15 分鐘 | 需要器具 | 烤箱 | or | 氣炸鍋 |

材料

可頌 ────────── 1 個
豬里肌肉 ──────── 1 片
烤肉醬 ───────── 1 匙
起司 ────────── 1 片

蘋果（切成片狀）───── ¼ 顆
生菜 ───────── 適量
美乃滋 ──────── 適量

作法

1　豬里肌肉事先用烤肉醬抓醃備用。

2　可頌先放入烤箱或氣炸鍋，以 160 度加熱 5 分鐘取出備用。

3　取一平底鍋，放入醃好的豬肉入鍋煎熟，取出備用。

4　將烤好的可頌橫向切開，依序夾入生菜、美乃滋、燒肉片、起司片，最後是蘋果片，完成囉。

Tips

① 豬里肌又分為大里肌和小里肌，大里肌的油脂偏少、肉質富咬勁，形狀和紋理工整，算是豬肉中很好的部分。小里肌是豬隻身上運動最少的部分，也是全豬中最嫩的一塊肉。靠近肋排的里肌尖端是特別嫩的部分，又稱為「腰內肉」。因為里肌肉的肉塊完整，特別適合做成炸豬排，也常拿來做成中式排骨這類菜色。

② 如果有時間，在處理里肌肉時，可用肉槌拍肉，這麼做會把肉的纖維和一些組織拍斷，烹調時肉的收縮就會比較有限，讓肉的口感鬆軟！

Menu 2

元氣滿點

Q 彈米飯愛好者提案

15 分鐘　需要器具　電鍋

經典滋味豆皮壽司

材 料

市售現成壽司豆皮⋯⋯⋯⋯1 包
熱白飯⋯⋯⋯⋯⋯⋯⋯⋯⋯2 碗
壽司醋⋯⋯⋯⋯⋯⋯⋯⋯⋯2 大匙
砂糖⋯⋯⋯⋯⋯⋯⋯⋯⋯⋯1 大匙
鹽巴⋯⋯⋯⋯⋯⋯⋯⋯⋯⋯少許
熟黑芝麻⋯⋯⋯⋯⋯⋯⋯⋯少許

作 法

1　白飯煮好，趁熱加入壽司醋、砂糖、鹽巴，輕輕拌勻混合。

2　把手稍微沾溼，抓取適量拌好的白飯，捏成糰狀，塞入豆皮裡，再用食指稍微壓緊，最後灑上少許黑芝麻即完成。

Tips

❶ 通常買來的豆皮裡就附有拌飯的壽司醋，可以直接依照包裝上註明的比例來製作拌飯。

❷ 讓壽司更好吃的秘訣：將豆皮上的醬汁稍微擠入飯裡拌勻，米飯吃起來會更入味。

Brunch 21

需要器具

15 分鐘　電鍋

咔滋脆片燒肉握壽司

材 料

白飯	1 碗
海苔酥	適量
豬肉片	1 碗
烤肉醬	1 大匙
洋芋片	適量
生菜或香菜	少許（裝飾用）

作 法

1　白飯加入適量海苔酥拌勻，再抓捏成握壽司形狀備用。

2　豬肉片加入烤肉醬抓拌，大約醃 3 分鐘，即下鍋煎熟，並切成小塊狀備用。

3　每片洋芋片放上捏好的海苔酥飯糰，再放上燒肉，上面再放上生菜或香菜點綴，即完成。

Brunch 22

鮮魚咔咔握壽司

	需要器具		
15分鐘		平底鍋	電鍋

材料

白飯	1碗	胡椒鹽	適量
香鬆	1大匙	洋芋片	適量
海苔酥	1大匙	美乃滋	適量
鮭魚	¼輪片	海苔粉	適量

作 法

1　鮭魚煎熟，去除魚刺，撕散成碎狀備用。

2　白飯拌入香鬆、海苔酥、鮭魚碎肉及胡椒鹽，充分混合拌勻。

3　將手稍微沾濕，抓取適量的鮭魚飯，捏塑成握壽司狀備用。

4　每片洋芋片上，都放上鮭魚小飯糰，再淋上一層美乃滋，最後灑上少許海苔粉即完成。

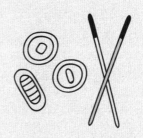

—— **Tips** ——
洋芋片用原味、海苔或是起司口味都很適合！

15 分鐘
需要器具

氣炸鍋

平底鍋

電鍋

Brunch 23

花枝蝦排起司蛋米漢堡

材 料

白飯	1 碗	生菜	適量
市售冷凍花枝蝦排	1 片	美乃滋	適量
雞蛋	1 個		
起司片	1 片		

作 法

1. 前一晚先取適量白飯，用保鮮膜輔助塑型成一飯糰狀，再壓扁成圓餅狀。一共做兩個，直接包裹著放到冰箱冷藏到隔天備用。

2. 把花枝排放入氣炸鍋，噴點油，用 175 度氣炸 8 分鐘備用。

3. 取一鍋，開中大火熱鍋，放點油，轉中小火將雞蛋煎熟起鍋備用；再將做好的米飯餅放入鍋中，用中小火慢煎加熱到表面微金黃，起鍋備用。

4. 煎好的米飯餅依序放上生菜、雞蛋、起司、花枝蝦排，生菜，再蓋上另一片米飯餅，最後淋上適量美乃滋即完成。

Tips
米飯餅前一晚先製作好放冷藏備用，除了可以節省時間，也能讓飯糰不容易鬆散。

需要器具

10 分鐘

電鍋

肉鬆苔苔小飯糰

材料

白飯 .... 2 碗
香鬆 .... 2 大匙
海苔酥 .... ½ 碗
肉鬆 .... ½ 碗
海苔粉 .... 適量

作法

1　將白飯拌入香鬆、海苔酥、肉鬆，充分混合拌勻。

2　將雙手沾溼後，取適量拌好的海苔飯，捏塑成小球狀，上面再灑點海苔粉做裝飾即完成。

— **Tips** —

這道料理也可以隨意加入自己喜歡的食材，和孩子一起捏捏揉揉製作，好玩又有成就感，吃起來也更香了！

	需要器具	
15分鐘		電鍋

Brunch 25

鮪魚罐罐三角飯糰

材料

白飯 ⋯⋯⋯⋯⋯⋯ 2 碗
海苔酥 ⋯⋯⋯⋯⋯ ½ 碗
洋蔥（切小丁）⋯⋯ ⅓ 顆
水煮鮪魚罐頭 ⋯⋯ 1 罐
美乃滋 ⋯⋯⋯⋯⋯ 1～2 大匙
黑胡椒粉 ⋯⋯⋯⋯ 適量

作法

1. 將白飯加入海苔酥，充分混合拌勻備用。

2. 將水煮鮪魚、洋蔥、美乃滋、黑胡椒粉，混合拌勻備用。

3. 雙手沾濕，取適量海苔飯，包入適量的洋蔥鮪魚，再捏緊塑型成三角飯糰狀即完成。

Tips

做好的飯糰也可以用平底鍋將兩面煎至金黃，有另外一種風味喔。

Brunch 26

微微笑海苔飯包

15分鐘 | 需要器具 | 電鍋

材料

白飯—————————1 碗
海苔—————————適量
生菜（撕成小片）—————適量

火腿（切小片）—————適量
起司片（切小片）—————1 片
壽司醋—————————1 匙

作法

1 白飯趁熱加入壽司醋拌勻，雙手沾濕，抓取適量白飯塑型成小圓球狀備用。

2 用海苔均勻包裹整個小飯糰。

3 將包好海苔的小飯糰從中間切出一個可以夾入餡料的開口。

4 依序夾入生菜、火腿片、起司片即完成。

——— **Tips** ———
步驟 2 的海苔可以先撕 or 剪成小片狀，會更方便包裹、黏貼。

Brunch 27

醬燒肉蛋摺疊飯糰

| 15分鐘 | 需要器具 | 電鍋 | 平底鍋 |

材料

白飯	½ ～ 1 碗	小黃瓜（切片）	適量
四方型大張海苔	1 張	起司片	1 片
豬肉片	1 碗	烤肉醬（醃肉用）	1 大匙
雞蛋	1 顆		

作法

1　豬肉先加入烤肉醬抓醃備用。

2　取一鍋，開大火熱鍋，放點油，先將雞蛋煎熟起鍋備用，再放入醃好的豬肉煎熟，備用。

3　取一四方型大張海苔，在其中一邊的 ½ 處剪開一開口。（就像「十字」只剪開下方）

4　海苔面積分成四部分，依照喜好放上白飯、肉片、小黃瓜、起司、雞蛋。

5　再從開口處依序往同一個方向連續摺疊，即完成。

=== Tips ===

❶ 可以依照喜好變換食材種類。
❷ 可以借助保鮮膜協助包裹，這樣下一步的「對切」會更好操作。

Brunch 28

爆汁燒肉手指飯卷

	需要器具		
20 分鐘		電鍋	平底鍋

材料

白飯	1 碗	蠔油	1 小匙
五花豬肉片	適量	水	50ml
醬油	2 大匙	白芝麻	適量
味霖	2 大匙		

作法

1 雙手沾濕，用手將白飯捏成一個個飯糰狀，備用。

2 飯糰外面一一捲上豬肉片。

3 取一鍋，開大火熱鍋後加點油，放入豬肉飯卷煎到表面金黃。

4 加入醬油、味霖、蠔油、水，煨煮到飯卷均勻上色、入味並收汁，起鍋前灑點熟白芝麻即完成。

Tips

飯卷可以在前一晚就先製作卷好冷藏備用，節省隔天備餐時間。

Brunch 29

韓式海苔鮮香飯卷

| 25 分鐘 | 需要器具 | 電鍋 | 平底鍋 |

材料

白飯	2 碗	雞蛋	2 顆
壽司海苔	2 張	紅蘿蔔絲	1 碗
韓國香油	1 匙	德國香腸	2 條
鹽巴	1 茶匙	生菜	1 把
白芝麻	適量		

作法

1　將白飯拌入韓國香油、鹽巴、白芝麻，混合拌勻備用。

2　雞蛋打成蛋液，加點鹽巴，入鍋煎熟後切成絲或細條狀備用。

3　德國香腸入鍋煎熟後，切成細長條備用。

4　紅蘿蔔絲也放入鍋中，用點油炒過取出備用。

5　取一壽司海苔，均勻鋪上一層白飯，依序放上生菜、德國香腸、雞蛋、紅蘿蔔絲，再仔細緊密捲起。

6　海苔表面刷上一層韓國香油，灑上白芝麻，上桌時再切片即完成。

Tips
---

❶ 想要將壽司切片切得漂亮，就要在每一卷壽司做好馬上卷上保鮮膜，放一旁等待，一方面也是幫助讓它更定型。等全部壽司卷做好後，先從第一卷開始切，因為固定最久、最牢固。切的時候保鮮膜不要拿掉，直接切，切好再拿掉保鮮膜，或要吃時再拆掉就好囉。

❷ 還有一個重點是：要準備夠鋒利的刀子！切的方式，使用前後鋸的方式輕輕下手，不能用一般切菜那種一刀壓下去的方式，很容易崩裂喔！

15分鐘　需要器具　電鍋　平底鍋

清爽鮪魚黃瓜 Light 壽司

材料

白飯	1～2 碗
壽司海苔	2～3 張
水煮鮪魚罐頭	1 罐
小黃瓜	1 條
美乃滋	2 大匙
黑胡椒	適量

作法

1　將水煮鮪魚、美乃滋、黑胡椒粉充分混合拌勻備用。

2　小黃瓜洗淨、切除頭尾、切成細條狀備用。

3　取一片壽司海苔，鋪上一層白飯，再放上鮪魚沙拉和小黃瓜。

4　捲成長條狀，再切成小塊壽司即完成。

10 分鐘	需要器具	平底鍋

香氣滿滿鮭魚三角飯糰

材料

白飯	2 碗
香鬆	2 大匙
海苔酥	2 大匙
鮭魚	½ 輪片
鹽巴或胡椒鹽	適量
海苔（長形）	3 小片

作法

1　取一鍋，熱鍋後放入鮭魚煎熟、去魚刺後撕散成碎狀備用。

2　白飯拌入香鬆、海苔酥、鮭魚碎肉、胡椒鹽，充分混勻均勻。

3　雙手沾濕，抓取適量拌好的鮭魚飯，利用雙手的虎口，將飯糰反覆捏緊並塑型成三角形。

4　在飯糰底部貼上海苔即完成。

Tips

如果使用冷飯，可以把做好的飯糰入鍋加熱，兩面稍微煎一下就好。

Brunch 32

雞腿排蛋沖繩握飯糰

| 25 分鐘 | 需要器具 | 氣炸鍋 | 平底鍋 |

材料

雞腿排	1 片	生菜	適量
日式炸雞粉（醃雞腿排用）	適量	美乃滋	適量
白飯	½ ～ 1 碗	胡椒粉	適量
長形海苔	1 張		
雞蛋	1 顆		

作法

1　前一晚先將雞腿排加入日式炸雞粉抓抹均勻，放入冰箱冷藏醃漬到隔天。

2　翌日，把醃好的雞腿排放入氣炸鍋，表面噴點油，以 180 度氣炸約 20 分鐘備用。

3　雞蛋打散，入鍋煎熟備用。

4　取一長形海苔，均勻鋪上一層白飯。

5　在鋪好壽司飯的一半位置，依序放上生菜、美乃滋、雞蛋、雞腿排，灑上胡椒粉，最後再將另一半的壽司飯折起、蓋上，即完成。

Menu 3

周遊列國
異國飄香好風味 提案

Brunch 33

肉桂蜜蘋薄脆披薩

| 15分鐘 | 需要器具 | 烤箱 | or | 氣炸鍋 | 平底鍋 |

材料

墨西哥餅皮 ⋯⋯⋯⋯⋯⋯ 1 張
焗烤用起司絲 ⋯⋯⋯⋯⋯ 適量
〔餡料〕
蘋果（切薄片）⋯⋯⋯⋯ 1/4 顆
糖 ⋯⋯⋯⋯⋯⋯⋯⋯⋯⋯ 2 大匙

水 ⋯⋯⋯⋯⋯⋯⋯⋯⋯ 100ml
檸檬汁 ⋯⋯⋯⋯⋯⋯⋯ 1 匙
〔調味料〕
肉桂粉 ⋯⋯⋯⋯⋯⋯⋯ 適量

作法

1　切片後的蘋果放入鍋裡，加入糖、檸檬汁、水，煮至蘋果軟化、微收汁且呈現糖蜜黏稠感，即可關火，待涼備用。

2　取一墨西哥餅皮，放上蜜好的蘋果片，再灑上滿滿的起司，直接放入氣炸鍋或烤箱，170 度烤約 6 ～ 7 分鐘，出爐後表面灑上肉桂粉即完成。

— Tips —
蘋果可在前晚就先蜜製完成備用，隔天製作時，就可以快速很多！

Brunch 34

豬洋 Cheese 墨西哥餅

| 10 分鐘 | 需要器具 | 平底鍋 |

材 料

| 墨西哥餅皮 | 1 ～ 2 張 |
| 焗烤用起司絲 | 1 碗 |

〔餡料〕

| 豬肉片或豬絞肉 | 1 碗 |
| 洋蔥（切丁或絲） | 1/3 顆 |

〔調味料〕

醬油	1 大匙
蠔油	1 小匙
糖	2 小匙
白胡椒粉	適量

作 法

1 取一平底鍋，開中大火熱鍋後加點油，放入洋蔥炒香，再放入豬肉拌炒，炒到肉色變白。

2 加入醬油、蠔油、糖快速地均勻拌炒，最後加點白胡椒粉拌勻，即起鍋備用。

3 取一張墨西哥餅皮，在餅皮 1/2 的部位放上炒好的洋蔥豬肉，鋪上滿滿起司，再將餅皮對折蓋上，呈現半圓的餅狀。

4 將餅放入乾淨無油的鍋裡，小火烙到兩面微金黃，讓裡面的起司融化即完成。

Brunch 35

奶香培根玉米焗烤飯

	需要器具	or	
20分鐘		烤箱　氣炸鍋	平底鍋

材料

白飯	1～2碗	牛奶	100ml
焗烤用起司絲	適量	水	1米杯
〔醬料〕		奶油玉米濃湯塊	1小塊
奶油	1小塊	〔調味料〕	
洋蔥（切丁）	½顆	黑胡椒	少許
培根（切丁或細條）	4～5條	義式香料粉	少許
蘑菇或鴻禧菇	⅓碗	鹽巴	少許
玉米粒	½碗		

作法

1　取一鍋，開中小火熱鍋，放入奶油稍微融化後，再放入洋蔥、蒜末、培根炒香。

2　放入菇類、玉米粒拌炒一下。

3　加入牛奶、水、奶油玉米濃湯塊，煨煮至溶解且微滾的狀態。

4　放入白飯拌勻，煨煮約2分鐘，即可加入適量鹽巴和黑胡椒、義式香料粉調味，起鍋備用。

5　將煮好的奶油玉米飯裝入烤盅，上面灑上焗烤用起司絲，放入氣炸鍋或烤箱以170度烤約6～7分鐘至起司表面金黃，即完成。

Brunch 36

脆培根蘑菇白醬義大利麵

20 分鐘　需要器具　平底鍋

材料

義大利麵	1 把

〔醬料〕

洋蔥（切丁）　　1/3 顆
蒜末　　　　　　1 大匙
培根（切丁或小片狀）4 條
蘑菇（切片）　　5 ～ 6 朵
牛奶　　　　　　100ml

起司片　　　　　1 ～ 2 片

〔調味料〕

鹽　　　　　　　適量
糖　　　　　　　少許
黑胡椒粉　　　　少許
義式香料粉　　　少許

作法

1　煮一鍋滾水，加入一匙鹽、少許橄欖油，再放入義大利麵煮約 7 ～ 8 分鐘，熟成後撈起備用。

2　取一平底鍋，開中大火熱鍋後放點油，放入洋蔥、蒜末爆香，再放入培根、蘑菇炒出香味。

3　倒入牛奶稍微煮滾，放入煮好的義大利麵繼續煨煮。

4　加入適量的鹽巴、糖、黑胡椒、義式香料調味。

5　最後加上起司片，攪拌融化均勻到想要的濃稠度，即熄火完成。

Brunch 37

義式番茄肉醬筆管麵

| 15 分鐘 | 需要器具 | 平底鍋 |

材料

筆管麵...................1～1.5 碗

〔配料〕

洋蔥（切丁）...............½ 顆

蒜末.....................1 大匙

豬絞肉..................½～1 碗

市售義大利麵紅醬.........300g

〔調味料〕

起司粉...................少許

義大利香料...............少許

作法

1　煮一鍋滾水，加上一匙鹽、少許橄欖油後，放入筆管麵煮8～10分鐘，撈起備用。

2　煮筆管麵的同時，另一邊的平底鍋開中大火熱鍋，放點油，放入洋蔥、蒜末炒香。

3　放入豬絞肉拌炒，炒至豬肉轉白色。

4　加入義大利麵紅醬和少許水，煨煮到醬汁滾。

5　放入煮熟的筆管麵拌勻，繼續煨煮約 2 分鐘，即可熄火盛盤。

6　上桌前可加入少許的香料粉和起司粉來提升氣味。

Tips

可以直接使用紅醬來製作可以節省更多時間。

Brunch 38

菠蘿燒肉墨西哥卷餅

10 分鐘　需要器具　平底鍋

材料

墨西哥餅皮⋯⋯⋯⋯⋯⋯1 張
〔配料〕
豬肉片⋯⋯⋯⋯⋯⋯⋯½ ～ 1 碗
烤肉醬⋯⋯⋯⋯⋯⋯⋯1 大匙
小黃瓜（切長片）⋯⋯⋯½ 條

罐頭鳳梨⋯⋯⋯⋯⋯⋯2 片
生菜⋯⋯⋯⋯⋯⋯⋯⋯適量
〔調味料〕
美乃滋⋯⋯⋯⋯⋯⋯⋯少許

作法

1　取一平底鍋，開中火熱鍋，放入墨西哥餅皮乾烙幾秒，烙至兩面微微
　　金黃即可起鍋備用。

2　豬肉加入烤肉醬抓醃一下，即可下鍋煎熟，起鍋備用。

3　取一墨西哥餅皮，依序放上生菜、小黃瓜，淋點美乃滋，再放上燒肉、
　　鳳梨。

4　將墨西哥餅皮與餡料整個緊密捲起，即完成。

Brunch 39

韓國冬粉什錦炒

| 20 分鐘 | 需要器具 | 炒鍋 |

材 料

韓式冬粉（泡水軟化備用）——1 把

〔配料〕

蒜末————————————適量

洋蔥（切絲）————————½ 顆

豬肉片或豬肉絲——————1 碗
（加醬油和胡椒拌醃）

紅蘿蔔（切絲）——————適量

菇類————————————適量

高麗菜————————————適量

〔調味料〕

味霖————————————2 大匙

蠔油————————————1 大匙

白胡椒粉——————————適量

水————————————2 米杯

鹽————————————適量

作 法

1 取一鍋，開中大火熱鍋後放點油，放入洋蔥、蒜末炒香。

2 放入豬肉炒至肉色變白。

3 加入紅蘿蔔、菇類、高麗菜拌炒。

4 倒入水煨煮，讓蔬菜稍微軟化熟成。

5 加入浸泡過的冬粉拌勻、煨煮至冬粉熟成（看不出來的話可以直接吃
吃看有沒有熟透）。

6 加入味霖、蠔油、白胡椒粉、鹽拌炒均勻即完成。

德腸墨西哥蛋餅卷

Brunch 40

| 10分鐘 | 需要器具 | 平底鍋 |

材 料

墨西哥餅皮⋯⋯⋯⋯⋯1 張
〔餡料〕
雞蛋⋯⋯⋯⋯⋯⋯⋯⋯1～2 個
蔥花⋯⋯⋯⋯⋯⋯⋯⋯適量

鹽巴⋯⋯⋯⋯⋯⋯⋯⋯少許
德國香腸⋯⋯⋯⋯⋯⋯2 條

作 法

1 將雞蛋、蔥花、鹽巴混合均勻，打勻成蔥花蛋液備用。

2 取一平底鍋，開中大火熱鍋後放點油，放入德國香腸稍煎一下，起鍋備用。

3 鍋裡再放點油，倒入蔥花蛋液後馬上蓋上墨西哥餅皮。

4 用鍋鏟稍微壓一壓讓蛋液均勻黏合餅皮。

5 將餅皮翻面續煎，並放上煎過的德國香腸。

6 餅皮煎金黃後就可以熄火，將蛋餅捲起，起鍋，切成方便入口的大小，即完成。

Tips
食用時可搭配番茄醬，酸鹹甜的滋味讓美味度更加分。

Brunch 41

香 Q 蔥油餅披薩

| 15 分鐘 | 需要器具 | 烤箱 | or 氣炸鍋 | 平底鍋 |

材料

市售冷凍蔥油餅⋯⋯⋯⋯1 片
焗烤用起司絲⋯⋯⋯⋯⋯適量
〔餡料〕
鳳梨罐頭⋯⋯⋯⋯⋯⋯⋯適量
火腿片（切小片）⋯⋯⋯⋯適量

番茄醬或紅醬⋯⋯⋯⋯⋯1 大匙
〔調味料〕
巴西里或義式香草粉⋯⋯少許

作法

1　取一平底鍋，開中大火熱鍋，冷凍的蔥油餅直接下鍋煎到兩面微金黃，即起鍋備用。

2　煎好的蔥油餅表面塗上一層紅醬或番茄醬。

3　均勻鋪上鳳梨塊和火腿片，再放上滿滿的焗烤用起司絲，灑上香草粉，直接放入氣炸鍋或烤箱以 170 度氣炸約 7 分鐘即完成。

—— Tips ——
可以依照喜好放入各式餡料。

需要器具

10 分鐘　　烤箱　or　氣炸鍋

煉乳芒果薄脆披薩

材料

墨西哥餅皮⋯⋯⋯⋯⋯1 張

〔餡料〕

芒果（切小塊）⋯⋯⋯½ 顆

煉乳⋯⋯⋯⋯⋯⋯⋯1 匙

焗烤用起司絲⋯⋯⋯適量

〔調味料〕

巴西里香草粉⋯⋯⋯少許

作法

1　取一墨西哥餅皮，均勻抹上一層煉乳。

2　均勻鋪上芒果塊，再灑上滿滿的焗烤用起司絲、少許的巴西里香草粉。

3　將墨西哥餅皮放入氣炸鍋或烤箱，以 170 度烤約 6 ～ 7 分鐘即完成。

Brunch 43

需要器具

15分鐘　平底鍋

港式必吃西多士

材料

吐司⋯⋯⋯⋯⋯兩片
雞蛋⋯⋯⋯⋯⋯2顆
牛奶⋯⋯⋯⋯⋯50ml
花生醬⋯⋯⋯⋯適量
煉乳⋯⋯⋯⋯⋯適量
無鹽奶油⋯⋯⋯1小塊

作法

1 將雞蛋、牛奶混合，均勻打散成蛋奶液，備用。

2 取一片吐司，均勻抹上花生醬，做成夾心吐司。

3 將抹好花生醬的夾心吐司放入蛋奶液裡，靜置3分鐘，讓吐司兩面都充分吸附蛋奶液。

4 取一平底鍋加熱，轉中小火，放入奶油融化，再放入吐司慢煎至兩面呈現金黃，食用時淋上煉乳即完成。

Brunch 44

お好み焼き
超美味大阪燒

| 20 分鐘 | 需要器具 | 平底鍋 |

材料

鬆餅粉	100g	豬五花薄肉片	3 ～ 4 條
雞蛋	1 個	大阪燒醬（或章魚燒醬）	適量
水	80 ～ 100ml	海苔粉	適量
高麗菜（切絲或碎狀）	1 碗	美乃滋	適量
蔥花	1 大匙	柴魚片	適量
鹽巴	½ 茶匙		
糖	1 小匙		

作法

1　將鬆餅粉、雞蛋、水混合打勻成麵糊備用。

2　把高麗菜、蔥花、鹽、糖加入鬆餅麵糊裡，攪拌均勻。

3　取一平底鍋，開中火熱鍋，放點油均勻塗抹鍋底，待油稍熱後放入拌好的蔬菜麵糊，稍微塑形成圓餅狀。

4　鋪上豬肉片，蓋鍋蓋，用小火慢煎至底部金黃。小心翻面，繼續煎至另一面也轉為金黃色後，盛盤。

5　在豬肉這面刷上大阪燒醬汁，淋上美乃滋，灑點海苔粉，最後來一點柴魚片就完成。

―― **Tips** ――

❶ 步驟 2 在拌勻食材時不要過分攪拌，避免高麗菜出水，使麵糊變稀。

❷ 大阪燒要成功翻面的密技是，餅面不要太大、太厚，並且要確定底部已煎得金黃酥脆不軟爛，就可以順利翻面！

❸ 大阪燒醬可以利用家裡有的材料自製就好囉，一樣道地又美味。將 40g 番茄醬＋ 40cc 醬油＋ 20g 砂糖＋ 20cc 醋，混合拌勻即可。

Menu
4

百吃不膩
就愛中式這款味提案

阿公的大雜麵疙瘩

Brunch 45

	需要器具	
20 分鐘		炒鍋
（不含醒麵時間）		

材料

〔麵疙瘩〕

中筋麵粉 250g

鹽巴 2g

沙拉油 1 大匙

溫熱水 100ml

〔配料〕

洋蔥（切絲） ½ 顆

蔥段 2 支

豬肉片 1 碗

紅蘿蔔（切細條） ½ 碗

木耳（切細條） ½ 碗

高麗菜（切適當大小） ¼ 顆

魚板（或其他火鍋料） 適量

高湯（或水） 適量

〔調味料〕

鹽 適量

白胡椒粉 適量

香油 少許

作法

1 將麵粉、鹽巴、沙拉油混合拌勻後，慢慢分次加入溫熱水揉成麵糰（不需揉太久，揉到不黏手即可）。

2 將揉好的麵糰蓋上保鮮膜靜置醒麵約 30 分鐘。（等麵糰醒的差不多，就可開始準備炒料）

3 取一炒鍋，開中大火熱鍋後放點油，放入洋蔥、蔥段炒出香味。

4 放入豬肉炒到肉色變白，加入紅蘿蔔、木耳、高麗菜，拌炒均勻後，倒入大量的高湯或水煮滾。

5 將醒好的麵糰拉成片狀，一片片放入鍋裡煮，此時也可放入其他想加的配料。

6 等麵片浮起熟成，就加入適量鹽巴、胡椒粉、蔥末、少許香油調味，即完成。

=== Tips ===

麵疙瘩可以提前做好，煮熟後，待其冷卻，就可以分裝放到冰箱冷藏或冷凍備用，要煮時直接放入鍋裡，方便快速許多。

Brunch 46

古早味粉漿蛋餅

	需要器具	
15 分鐘		平底鍋

材 料

〔麵糊〕

低筋麵粉 ················· 60g

蕃薯粉 ··················· 15g

玉米粉 ··················· 7g

水 ··················· 70 ～ 90ml

蔥花 ··················· ⅓ 碗

〔配料〕

雞蛋 ·················· 1 個

作 法

1　將麵粉、蕃薯粉、玉米粉和水混合均勻，再加入蔥花拌勻成蛋餅麵糊備用。

2　取一平底鍋，開中大火熱鍋後放一點油，倒入麵糊並旋轉鍋子，讓麵糊平均攤開成圓片狀，兩面煎熟至微金黃，即起鍋備用。

3　雞蛋打勻成蛋液備用。（也可再加點蔥花或玉米讓口感更豐富）

4　開中小火熱鍋，鍋子裡再放一點油，倒入蛋液，再蓋上煎好的蛋餅皮，壓一壓，煎至定型且蛋呈現金黃色後即翻面續煎。

5　待另一面餅皮也煎至金黃後，即可將蛋餅捲起，出鍋完成。

─── Tips ───

❶ 此食譜份量為 1 份。

❷ 此配方口感表面微微酥，裡面軟嫩。如果喜歡較軟的口感，則玉米粉比例可調為 15g、地瓜粉調為 7g。

Brunch 47

獨家台式炒泡麵

| 15 分鐘 | 需要器具 | 炒鍋 |

材料

泡麵（排骨雞麵口味）⋯⋯1 包

〔配料〕

洋蔥（切絲）⋯⋯⋯⋯⋯ ⅓ 顆

蒜末⋯⋯⋯⋯⋯⋯⋯⋯⋯ 1 大匙

紅蘿蔔（切絲或細條）⋯⋯適量

新鮮香菇（切片）⋯⋯⋯ 2 ～ 3 朵

高麗菜⋯⋯⋯⋯⋯⋯⋯⋯ 1 碗

豬肉片（切適當大小）⋯⋯½ 碗

蔥段⋯⋯⋯⋯⋯⋯⋯⋯⋯ 1 ～ 2 支

〔調味料〕

蠔油（或醬油膏）⋯⋯⋯ 1 茶匙

白胡椒粉⋯⋯⋯⋯⋯⋯⋯適量

作法

1　先煮一鍋滾水，放入泡麵煮約 1 ～ 2 分鐘即撈起備用。

2　取一炒鍋，開中大火熱鍋後放少許油，放入洋蔥、蒜末、紅蘿蔔、香菇煸香。

3　放入豬肉炒至肉色變白。

4　放入高麗菜拌炒均勻，加入 3 大匙的煮麵水，蓋上鍋蓋煨煮約 3 分鐘，讓菜軟化。

5　放入泡麵附的調味粉和調味包拌勻。

6　加入煮好的泡麵和蠔油快速拌炒均勻。

7　起鍋前加入蔥段和白胡椒粉拌勻即完成。

—— **Tips** ——
煮麵時不要煮太久，放入鍋中拌炒時才不會不小心就過於軟爛。

Brunch 48

清爽玉米瘦肉粥

| 20 分鐘 | 需要器具 | 炒鍋 |

材 料

白飯 ······················· 1 碗
高湯 ················· 600 ～ 700ml

〔配料〕

豬肉 ················· ⅓ ～ ½ 碗
（切成細絲或絞肉，事先加點胡椒、鹽巴抓醃）

玉米粒 ················· ½ 碗

雞蛋 ······················· 1 個
蔥花 ······················· 適量

〔調味料〕

鹽巴 ······················· 適量
白胡椒 ····················· 適量

作 法

1 取一炒鍋，放入高湯及白飯，轉中小火煮至米粒化開，整體呈現濃稠狀。

2 放入豬肉，快速拌開避免沾黏成一坨，用中小火續煮。

3 加入玉米粒和蛋液，一手淋蛋液，一手用湯匙同方向攪拌，蛋液會成為雲絮狀。

4 加入適量的鹽巴、白胡椒調味，最後放入蔥花即完成。

──── Tips ────
❶ 高湯是美味關鍵，可用雞或豬高湯。
❷ 也可以在前一晚先用電鍋將生米熬成白粥，隔天再直接加入其他配料，繼續進一步烹飪成玉米瘦肉鹹粥。

Brunch 49

玉米豬肉酥皮鍋貼

10 分鐘
（包製約 20 ～ 30 分鐘）

需要器具　平底鍋

材 料

水餃皮	適量	蔥花	1 碗
水	50ml	醬油	1 大匙
〔餡料〕		鹽巴	2 茶匙
豬絞肉	300g	糖	1 茶匙
玉米粒	1 碗	白胡椒粉	適量
薑末	1 大匙	香油	1 茶匙

作 法

1　將〔餡料〕中的所有材料拌勻，並且攪拌到豬肉呈現黏性。

2　取適量肉餡放上水餃皮，包成水餃皮兩端不黏合的鍋貼狀。

3　取一平底鍋，開中大火熱鍋後放點油，排入鍋貼，轉小火微煎約 1 分鐘，就加入適量的水（大約鍋貼 1/3 高度的水量），蓋上鍋蓋，轉中火煎至水份收乾、底部金黃酥脆，即完成。

─── Tips ───

鍋貼可以提前做好放至冰箱冷凍保存，要吃的時候直接加水煎，可節省時間。

Brunch 50

濃香皮蛋瘦肉粥

20 分鐘　需要器具　炒鍋

材料

白飯 .... 1 碗

高湯 .... 600 ～ 700ml

〔配料〕

豬肉 .... ⅓ ～ ½ 碗
　（切成細絲或絞肉，事先加點胡椒、鹽巴抓醃）

玉米粒 .... ½ 碗

雞蛋 .... 1 個

蔥花 .... 適量

〔調味料〕

鹽巴 .... 適量

白胡椒 .... 適量

作法

1　取一炒鍋，放入高湯、白飯，用中小火煮至米粒化開，整體呈現濃稠狀。

2　加入豬肉快速拌開，續煮至豬肉熟成。

3　加入皮蛋拌勻續煮。

4　雞蛋打勻成蛋液，慢慢一邊淋入粥裡，一邊同方向攪拌均勻。

5　最後加入適量鹽巴、白胡椒粉調味，再灑上適量蔥花即完成。

=== Tips ===

❶ 高湯是美味關鍵，可用雞或豬高湯。

❷ 前一晚先用電鍋把白米熬成白粥，隔天直接加入其他配料，繼續熬煮成皮蛋瘦肉粥，可以節省很多時間。

Brunch 51

香酥鍋巴飯餅

20 分鐘　　需要器具　平底鍋

材料

白飯	2 碗	雞蛋	2 個
洋蔥丁	½ 碗	麵粉（不分筋別）	2 大匙
培根丁	½ 碗	〔調味料〕	
玉米粒	½ 碗	鹽巴	1 茶匙
小黃瓜丁	½ 碗	醬油	1 茶匙
紅蘿蔔丁	½ 碗	白胡椒粉	適量

作法

1　取一平底鍋，開中大火熱鍋後放點油，放入洋蔥、培根炒出香味。

2　放入玉米粒、紅蘿蔔丁、小黃瓜丁拌炒一下，即熄火備用。

3　白飯加入上述炒過的所有配料，再加入雞蛋、麵粉、鹽巴、醬油、白胡椒粉拌勻成黏稠糊狀。

4　原鍋開中小火，挖取適量飯糊，入鍋煎到兩面金黃即完成。

=== Tips ===
可以搭配一點番茄醬享用會更美味。

10 分鐘　需要器具　湯鍋

噴香肉醬乾拌麵

材 料

市售肉醬罐頭 ⋯⋯⋯⋯⋯ 1 罐
麵條 ⋯⋯⋯⋯⋯⋯⋯⋯⋯ 1 把
蔥花 ⋯⋯⋯⋯⋯⋯⋯⋯⋯ 適量

作 法

1 煮一鍋滾水，放入麵條煮至熟成撈起。

2 趁熱拌入適量的肉醬拌勻。

3 灑上蔥花即完成。

Tips
❶ 可以另外煎顆荷包蛋、搭配燙青菜不只讓口感豐富，也讓營養更均衡。
❷ 有空的時候我通常會煮一鍋肉燥，待涼了之後分裝冷凍或冷藏，隨時要拿出來拌麵或拌飯都很方便！

15 分鐘　需要器具　湯鍋

Brunch 53

香蔥鵝油拌麵

材料

麵條（1～2人份的量）⋯1 把
蔥花⋯⋯⋯⋯⋯⋯⋯適量
〔調味料〕
清醬油⋯⋯⋯⋯⋯1.5 大匙
味霖⋯⋯⋯⋯⋯⋯1 大匙
紅蔥鵝油⋯⋯⋯⋯1 大匙
烏醋⋯⋯⋯⋯⋯⋯1 茶匙

作法

1　起一鍋滾水，放入麵條煮約 4 ～ 5 分鐘熟成撈起備用。

2　煮麵同時先調醬汁，清醬油、味霖、鵝油、烏醋混合拌勻備用。

3　麵條煮熟後撈起，稍微瀝乾，趁熱放入醬汁裡快速拌勻，最後灑上蔥花，即完成。

—— Tips ——
可以依照喜好另外加入一些肉片、燙青菜、荷包蛋，口感更豐富又營養。

Brunch 54

起司玉米蔥油派

25 分鐘 | 需要器具 | 烤箱 or 氣炸鍋

材 料

蔥油餅 ⋯⋯⋯⋯⋯⋯ 2 張

玉米粒 ⋯⋯⋯⋯⋯⋯ ½ 碗

焗烤用起司絲 ⋯⋯⋯ ½ 碗

〔調味料〕

美乃滋 ⋯⋯⋯⋯⋯⋯ 1 大匙

黑胡椒 ⋯⋯⋯⋯⋯⋯ 少許

作 法

1　將玉米、起司、美乃滋、黑胡椒混合均勻備用。

2　冷凍的蔥油餅微微退冰後裁切成數個約 7 × 7 公分的方形餅皮備用。
（不要退冰過度，會變得太軟黏不好操作）

3　切好的餅皮放入適量的起司玉米餡，再斜對角對折包起，成一個三角型餃子狀。

4　放入氣炸鍋或烤箱，以 180 度氣炸約 10 分鐘即完成。

Tips

前一晚可以先包製好冷凍，隔天不用退冰可以直接氣炸。

Brunch 55

酸香泡菜起司酥餃

| 30 分鐘 | 需要器具 | 炒鍋 |

材料

水餃皮 ······························· 適量

〔配料〕

豬絞肉 ·················· 200g

韓式泡菜（切碎備用）··· ½ 碗

起司絲 ·················· 1 碗

蒜末 ····················· 1 大匙

〔調味料〕

糖 ······························· 1 大匙

蠔油或醬油 ·············· 1 大匙

白胡椒粉 ·················· 適量

作法

1　取一鍋，開中大火熱鍋後放點油，放入豬絞肉炒散至肉色變白。

2　加入蒜末、糖拌炒均勻。

3　加入泡菜拌炒均勻。

4　放入蠔油、白胡椒粉調味，即熄火起鍋備用。

5　取一片水餃皮，可以稍微拉開或桿大片一些，放上適量炒好的肉餡和一些起司絲，包成月型水餃狀，邊緣可以折花邊裝飾（也可以不折，捏緊即可）。

6　取一鍋，開中大火熱鍋，油放比平常多一些的量，將酥餃放入鍋裡，轉中火半煎炸至兩面金黃即完成。

8分鐘　需要器具　平底鍋

快速上桌蛋餃煎

材 料

市售蛋餃	1～2盒
美乃滋	適量
番茄醬	適量
海苔粉	少許

作 法

1　取一平底鍋，開中大火熱鍋後放點油，放入蛋餃，轉中火煎到兩面金黃即可起鍋。

2　灑上適量的美乃滋、番茄醬、海苔粉即完成。

Tips

蛋餃要充分解凍後才能煎唷。

15 分鐘　需要器具　平底鍋

Brunch 57

好滋味番茄鯖魚蓋飯

材 料

番茄鯖魚罐頭⋯⋯⋯⋯1～2罐

〔配料〕

洋蔥（切絲）⋯⋯⋯⋯½ 顆

蔥（分蔥白蔥綠）⋯⋯2 支

高麗菜⋯⋯⋯⋯⋯⋯⋯適量

雞蛋⋯⋯⋯⋯⋯⋯⋯⋯2 顆

水⋯⋯⋯⋯⋯⋯⋯⋯⋯適量

〔調味料〕

鹽⋯⋯⋯⋯⋯⋯⋯⋯⋯少許

作 法

1　取一鍋，開中大火熱鍋後放一些油，放入洋蔥、蔥白炒出香味。

2　放入高麗菜稍微拌炒，再倒入鯖魚罐頭、水，煮開至高麗菜軟化。

3　淋入打散的蛋液煨煮一下，再灑上蔥花後，即可熄火。

4　將鯖魚醬料淋在煮好的白飯上就完成囉。

10 分鐘　需要器具　湯鍋

涮嘴滷肉燥乾麵

材料

麵‥‥‥‥‥‥‥‥‥1～2球
豆芽菜‥‥‥‥‥‥‥‥1把
韭菜‥‥‥‥‥‥‥‥‥適量
肉燥‥‥‥‥‥‥‥‥‥2大匙

作法

1 起一鍋滾水，放入麵條煮約5分鐘，撈起麵之前，將豆芽菜和韭菜也一起放入川燙。

2 撈起後直接淋上肉燥拌勻即完成。

Tips

❶ 若平常有滷肉燥就可分裝冷凍，要食用時直接加熱淋上就很方便。

❷ 煮麵時間依照麵體、品牌會有所不同，請依照麵條包裝上的說明來調整煮麵時間。

需要器具	
15 分鐘	氣炸鍋

Brunch 59

飽飽醬燒肉蛋刈包

材料

市售刈包外皮	1 個
豬肉片	1～2 片
烤肉醬	1 茶匙
雞蛋	1 個
生菜	適量
美乃滋	少許

作法

1　刈包外皮先放入電鍋蒸熱備用。

2　豬肉片加入烤肉醬拌醃一下，即入鍋煎熟備用。

3　雞蛋也入鍋煎成荷包蛋備用。

4　蒸好的刈包皮依序夾入生菜，淋上一點美乃滋，再放上雞蛋、燒肉即完成。

Brunch 60

蔥香滿嘴蔥肉餅

	需要器具	
30 分鐘		氣炸鍋

材料

蔥油餅（稍微退冰軟化）⋯⋯⋯數張

〔餡料〕

豬絞肉⋯⋯⋯⋯⋯⋯⋯⋯⋯300g

洋蔥（切碎丁）⋯⋯⋯⋯⋯½ 顆

蔥花⋯⋯⋯⋯⋯⋯⋯⋯⋯⋯1 碗

薑末⋯⋯⋯⋯⋯⋯⋯⋯⋯1 大匙

鹽巴⋯⋯⋯⋯⋯⋯⋯⋯⋯1 茶匙

醬油⋯⋯⋯⋯⋯⋯⋯⋯⋯1 大匙

糖⋯⋯⋯⋯⋯⋯⋯⋯⋯⋯1 大匙

五香粉⋯⋯⋯⋯⋯⋯⋯¼ 茶匙

白胡椒⋯⋯⋯⋯⋯⋯⋯½ 茶匙

黑胡椒⋯⋯⋯⋯⋯⋯⋯½ 茶匙

香油⋯⋯⋯⋯⋯⋯⋯⋯1 茶匙

水⋯⋯⋯⋯⋯⋯⋯⋯⋯50ml

作法

1　豬絞肉用菜刀再剁過後，加入除了餅皮、蔥花以外的所有材料，同方向攪拌均勻且至黏稠狀（有食物調理器直接全丟進去更快速方便）。

2　準備包之前，加入蔥花拌勻備用。

3　取一張稍微軟化退冰的蔥油餅，一切為二，重新各自塑成一圓形麵糰。

4　將麵糰稍微壓桿開成圓片，包入適量的肉餡，開口確實捏緊包妥，表面灑上些許白芝麻。

5　將肉餅放入氣炸鍋，先以 170 度氣炸 6 分鐘後，再調高溫度以 180 度氣炸 10 分鐘即完成。

Tips

❶ 蔥油餅不要退冰太久，會變的軟黏不好操作。

❷ 可在前一晚把蔥肉餅包好後放冰箱冷藏，隔天早餐直接放入氣炸鍋或入烤箱烤，用鍋子煎也可以。

❸ 此食譜份量約可做 10 ～ 12 個蔥肉餅。

Brunch 61

一口酥豬肉煎餅

20 分鐘	需要器具	氣炸鍋

材料

豬絞肉	300g	紅蘿蔔（切小丁）	½ 碗
煎餅粉或麵粉	適量	白胡椒粉	少許
蛋液	1 顆	鹽巴	1 茶匙
〔配料〕		醬油	1 大匙
洋蔥（切小丁）	⅓ 顆	糖	½ 大匙
薑末	1 小匙	香油	少許
蔥花	½ 碗		

作法

1　豬絞肉加入〔配料〕中的所有材料，攪拌至均勻且有黏稠感。

2　抓取適量肉餡塑成圓餅狀，表面均勻沾上一層煎餅粉，再沾一層蛋液。

3　放入鍋中煎到兩面金黃即完成起鍋。

Tips

❶ 食用時可搭配番茄醬更美味。
❷ 肉餡可以前一晚先調製完成冷藏備用，隔天可以節省很多時間。

	需要器具	
10分鐘		氣炸鍋

流口水餛飩炸醬拌麵

材料

麵條⋯⋯⋯⋯⋯1 把
炸醬⋯⋯⋯⋯⋯1 大匙
餛飩⋯⋯⋯⋯⋯適量
小白菜⋯⋯⋯⋯2 株

作法

1 煮一鍋滾水，放入麵條、餛飩煮約 5～6 分鐘，熟成撈起備用。

2 麵條趁熱拌入炸醬，放上餛飩，再 燙個小白菜搭配即完成。

	需要器具	
8分鐘		電鍋

Brunch 63

阿嬤的鵝油拌飯

材料

熱白飯⋯⋯⋯⋯1碗
鵝油⋯⋯⋯⋯⋯1茶匙
醬油⋯⋯⋯⋯⋯1大匙
雞蛋⋯⋯⋯⋯⋯1個

作法

1 白飯趁熱均勻拌入鵝油、醬油。

2 煎顆荷包蛋放在飯上，傳統的好滋味就完成囉。

Brunch 64

白米珍珠丸子

35 分鐘 | 需要器具 | 電鍋

材料

白米或糯米⋯⋯⋯⋯⋯1 碗	糖⋯⋯⋯⋯⋯⋯⋯1 小匙
（事先冷凍過 1 晚，再洗淨備用）	鹽⋯⋯⋯⋯⋯⋯⋯½ 茶匙
〔配料〕	香油⋯⋯⋯⋯⋯⋯少許
豬絞肉⋯⋯⋯⋯⋯150g	蔬菜⋯⋯⋯⋯⋯⋯適量
薑末⋯⋯⋯⋯⋯⋯1 匙	（任何蔬菜都可以，如玉米、南瓜、青
蔥花⋯⋯⋯⋯⋯⋯½ 碗	菜、菇、豆類⋯⋯）
醬油⋯⋯⋯⋯⋯⋯1 小匙	水⋯⋯⋯⋯⋯⋯⋯2 大匙

作法

1 把除了米以外的所有材料放入食物調理機打勻。（或用刀子反覆將絞肉剁到有黏性，再加入所有材料拌勻）

2 雙手沾濕，取肉餡，用虎口擠出適當大小的肉餡，稍微在雙手來回摔打，再均勻沾裹上白米，稍微壓實塑圓。

3 做好的珍珠丸子放入電鍋，外鍋以一杯水蒸煮至開關跳起即完成。

Tips

❶ 米經過冷凍可以破壞澱粉組織，蒸煮時才不會有米心不熟的問題。

❷ 也可以提前做好珍珠丸子後直接冷凍，隔天再入鍋蒸煮。

酥皮韭菜盒子

	需要器具	
30 分鐘		炒鍋

材料

水餃皮適量

〔餡料〕

韭菜（切小段）	1 把
冬粉	2 球
雞蛋	2 顆
蝦米或蝦皮	1 把
豬絞肉	1/2 碗

〔調味料〕

醬油（炒肉餡用）	1/2 大匙
鹽	適量
糖	1 大匙
白胡椒粉或胡椒鹽	適量

作法

1　韭菜洗淨切小小段備用；冬粉泡熱水軟化後切小小段備用；雞蛋加點鹽巴拌勻成蛋液，下鍋煎成碎蛋，起鍋備用。

2　取一炒鍋，開中大火熱鍋後放點油，放入蝦米煸出香味，再放入豬絞肉炒散至肉色變白，加入一點醬油、胡椒粉拌炒均勻，起鍋備用。

3　均勻混合韭菜、冬粉、蛋碎還有炒好的蝦米絞肉，加入鹽巴、糖、胡椒粉，拌勻好就是韭菜盒餡料。

4　取一水餃皮，稍微拉開、拉大張一些，包入適量的餡料，蓋上另一張水餃皮，餃皮四周沾點水，確實壓密合，周圍可以折花也可不折。

5　原鍋加點油熱鍋，將韭菜盒子放入鍋中，用小火半煎炸到兩面金黃就完成囉！

Tips

❶ 此份食譜約可做 18 個韭菜盒子。

❷ 前一晚可先調好餡料，隔天現包現煎，會更省時。

❸ 若前晚時間足夠也可先包好後冷藏，隔天早上直接噴油氣炸。

Brunch 66

懷舊鍋燒雞絲麵

需要器具	
15 分鐘	氣炸鍋

材 料

韓國昆布香菇小魚乾高湯包	1 包	魚板	2 片
雞絲麵	1 球	豬肉片	3～4 片
〔配料〕		雞蛋	1 個
蛤蜊	3～4 顆	小白菜	2 株
魚（貢）丸	2 顆	〔調味料〕	
蛋餃	2 個	沙茶醬	1 大匙
蝦餃	3 個	鹽	適量

作 法

1　煮一鍋水，放入高湯包，煮滾熬一下就可以把高湯包撈除。

2　放入自己喜歡的配料，蛤蜊、丸子、蛋餃、蝦餃、魚板、肉片……等等。

3　煮滾後就可以放入雞絲麵、青菜續煮一下。

4　最後打個蛋，再加入沙茶醬和鹽調味，即完成。

――――――――― **Tips** ―――――――――
❶ 用高湯煮雞絲麵，味道更濃厚美味喔！
❷ 沒有高湯包也可以用柴魚片來煮高湯，水滾後再等一下，就可以將柴魚片撈除。

131

Brunch 67

醬炒鹹香蘿蔔糕

20 分鐘 | 需要器具 | 平底鍋

材料

蘿蔔糕（切小塊）⋯⋯⋯⋯⋯適量

〔配料〕

雞蛋⋯⋯⋯⋯⋯⋯⋯⋯1 顆

蒜末⋯⋯⋯⋯⋯⋯⋯⋯1 大匙

洋蔥（切絲）⋯⋯⋯⋯⋯⅓ 顆

豆芽菜⋯⋯⋯⋯⋯⋯⋯1 小把

韭菜⋯⋯⋯⋯⋯⋯⋯⋯少許

〔調味料〕

醬油⋯⋯⋯⋯⋯⋯⋯⋯1 大匙

蠔油⋯⋯⋯⋯⋯⋯⋯⋯1 茶匙

味霖⋯⋯⋯⋯⋯⋯⋯⋯1 大匙

水⋯⋯⋯⋯⋯⋯⋯⋯⋯3 大匙

白胡椒粉⋯⋯⋯⋯⋯⋯適量

作法

1　取一鍋，開中大火熱鍋後放點油，放入蘿蔔糕，煎到兩面金黃後起鍋備用。

2　雞蛋打散成蛋液後，倒入鍋中煎成散蛋後起鍋備用。

3　原鍋再放點油，放入蒜末、洋蔥炒出香味。

4　加入豆芽菜拌炒一下，再加入醬油、蠔油、味霖、水拌勻。

5　加入煎好的蘿蔔糕、散蛋，拌勻燴炒到收汁。

6　起鍋前加入韭菜和白胡椒拌勻即完成。

Menu
5

健康選擇

無負擔維根蔬食提案

Brunch 68

奶油焗烤馬鈴薯

需要器具		or		平底鍋
25 分鐘		烤箱	氣炸鍋	平底鍋

材 料

馬鈴薯	2 顆
奶油	20g
洋蔥（切丁）	½ 顆
蒜末	1 大匙
牛奶	100ml

〔調味料〕

鹽	½ 小匙
糖	1 小匙
粗黑胡椒粉	適量
義大利香料	適量
焗烤用起司絲	適量

作 法

1　馬鈴薯洗淨、削皮後切成片狀，放入滾水裡煮約 5 分鐘，撈起備用。

2　取一平底鍋，開中大火熱鍋，放入奶油，帶奶油稍微溶化後放入洋蔥丁、蒜末炒香。

3　放入燙過的馬鈴薯片拌炒一下。

4　加入牛奶、鹽、粗黑胡椒粉、糖、義大利香料，煨煮到微微收汁即熄火。

5　把煨煮好的馬鈴薯倒入烤盅，鋪上滿滿的起司，送入烤箱或氣炸鍋，以 180 度烤約 7 分鐘即完成出爐。

6　出爐後，表面灑上少許的巴西利或海苔粉增添風味。

── Tips ──
前一晚可先將馬鈴薯先川燙好，待涼後放到冰箱冷藏，隔天直接拿出來使用，時間可以節省許多。

Brunch 69

低醣馬鈴薯煎餅

	需要器具	
20 分鐘		平底鍋

材料

馬鈴薯	2 顆
雞蛋	1 顆
鹽	1 小匙
胡椒粉	適量
帕瑪森起司粉	1 大匙
中筋麵粉	60～75g

作法

1 馬鈴薯洗淨、去皮後刨絲，再用清水反覆清洗浸泡幾次後，擰乾水份備用。

2 擰乾水份的馬鈴薯絲加入雞蛋、鹽、胡椒粉、起司粉，混合拌勻。

3 加入麵粉，拌勻成濃稠麵糊狀。

4 取一平底鍋，開中大火熱鍋後放油，取適量麵糊入鍋，用湯匙稍微壓一下，使麵糊攤開成圓餅狀，轉中小火煎到兩面金黃即完成起鍋。

=== Tips ===
❶ 麵粉建議分次慢慢加入拌勻，可以依照黏稠度來調整麵粉量。
❷ 本食譜約可做 8 片馬鈴薯煎餅。

Brunch 70

營養番茄雞蛋麵

	需要器具	
20 分鐘		炒鍋

材料

市售麵條 ················· 200g

〔配料〕

雞蛋… ···················· 3 顆

蒜末 ······················ 1 大匙

蔥（蔥白切段，蔥綠切成蔥花）3 支

牛番茄（切小塊狀）·········· 2 ～ 3 顆

水 ·················· 1200ml

〔調味料〕

番茄醬 ·················· 2 大匙

蠔油或醬油 ············· 1 大匙

糖 ······················ 1.5 大匙

鹽巴 ···················· 1 小匙

作法

1　取兩顆雞蛋，均勻打成蛋液。取一鍋，熱鍋放點油，倒入蛋液炒成散蛋後，出鍋備用。

2　原鍋再加一些油，爆香蒜末、蔥白。

3　放入牛番茄拌炒一下。

4　加入番茄醬、蠔油拌炒均勻。

5　加入水煮滾，水滾後放入麵條煮至麵條熟成。

6　加入煎好的散蛋，還有鹽巴、糖調味。

7　另一顆蛋也打成蛋液，直接淋入鍋裡，起鍋前再灑上蔥花即完成。

Tips
---
❶ 鹽巴和糖可依照個人喜好增減調整。
❷ 本食譜約為 2 ～ 3 人份。

Brunch 71

小清新瓠瓜煎餅

	需要器具	
20 分鐘		平底鍋

材料

瓠瓜（刨絲或切細條）⋯⋯⅓～¼ 顆
紅蘿蔔（刨絲）⋯⋯⋯⅓ 條
〔配料〕
蔥花⋯⋯⋯⋯⋯⋯½ 碗
蝦米或蝦皮⋯⋯⋯⋯1 小把
（洗淨後入鍋，用點油煸香起鍋備用）
雞蛋⋯⋯⋯⋯⋯⋯⋯1 個

中筋麵粉（視狀況增減）⋯⋯⋯150g
水⋯⋯⋯⋯⋯⋯⋯170ml
〔調味料〕
白胡椒粉⋯⋯⋯⋯⋯適量
鹽⋯⋯⋯⋯⋯⋯⋯½ 小匙
糖⋯⋯⋯⋯⋯⋯⋯1 小匙

作法

1 將瓠瓜絲和紅蘿蔔絲加入鹽巴拌勻，靜置 5 分鐘，把滲透出來的水分倒掉，並稍微把蔬菜中的水分擠出。

2 瀝乾水分的瓠瓜、紅蘿蔔加入所有〔配料〕和〔調味料〕，拌勻成濃稠麵糊狀。

3 取一平底鍋，開中大火熱鍋後放適量的油，倒入適量麵糊，轉中小火煎到兩面金黃就完成起鍋囉！

滿滿蛋香寧波年糕

Brunch 72

| 15分鐘 | 需要器具 | 炒鍋 |

材 料

寧波年糕 ………………… 1 碗

〔配料〕

雞蛋 ………………………… 2 個

蒜末 ………………………… 1 大匙

紅蘿蔔（切絲）…………… ⅓ 支

鮮香菇（切片）………… 3～4 朵

娃娃菜（切適當大小）…… 2 株

水 ………………………… 1 米杯

〔調味料〕

鹽 ………………………… ½ 小匙

蠔油 ……………………… 1 小匙

糖 ………………………… 1 小匙

白胡椒粉 ………………… 適量

白芝麻 …………………… 少許

作 法

1　雞蛋打勻成蛋液，取一炒鍋，開中大火熱鍋後放點油，倒入蛋液煎炒成散蛋後，起鍋備用。

2　原鍋再放入一點油，爆香蒜末、紅蘿蔔、鮮香菇。

3　放入娃娃菜拌炒均勻。

4　加入水煨煮，水滾後放入年糕續煮。

5　待年糕煮軟後，加入煎好的散蛋和鹽、糖、蠔油、白胡椒粉調味拌勻。

6　起鍋後灑上熟白芝麻即完成。

145

Brunch 73

香噴麻油麵線煎

	需要器具		
20 分鐘		湯鍋	平底鍋

材料

麵線	1 把
老薑絲	適量
麻油	2 大匙
雞蛋	2 個

作法

1　煮一鍋滾水，放入麵線，待麵線熟成撈起，盡量瀝乾水份稍微剪小段備用。

2　取一平底鍋，開中火熱鍋，倒入麻油後轉小火，放入老薑煸出香味，直至老薑呈現乾癟卷曲狀，即熄火。

3　把爆香後的老薑麻油倒入煮好的麵線拌勻。

4　打入兩顆蛋液至麵線中，充分拌勻。

5　把原來煸薑的鍋子加熱，再加入些許麻油，放入麵線，稍微整理塑型成圓餅狀，用中火煎到底部金黃，再翻面，繼續見到另一面也金黃酥脆即完成起鍋。

Tips

一般麵線本身已有鹹度就不另外加鹽巴，如果是無鹽或低鹽麵線，可以酌加些鹽巴調味。

Brunch 74

多汁櫛瓜煎餅

15 分鐘　需要器具　平底鍋

材料

櫛瓜（刨絲）………………1 條	雞蛋………………………1 個
紅蘿蔔（刨絲）………⅓ 條	鹽………………………½ 小匙
中筋麵粉…………60 ～ 70g	糖………………………1 小匙
太白粉………………20g	白胡椒粉………………適量

〔配料〕

蒜末……………………1 大匙

作 法

1　刨絲後的櫛瓜與紅蘿蔔，加入蒜末、雞蛋、鹽巴、糖、白胡椒粉，混合拌勻。

2　加入麵粉與太白粉，拌勻成稠稠的麵糊狀態。

3　取一平底鍋，開中大火熱鍋後加一些油，挖取適量的櫛瓜麵糊到鍋中，用湯匙稍微塑型，轉中小火煎到煎餅兩面金黃即完成。

—— **Tips** ——
櫛瓜在拌勻的過程中會再出水，所以不需要再另外加水了唷。

Brunch 75

酪梨莎莎醬法棍

| 15 分鐘 | 需要器具 | 氣炸鍋 |

材料

法國麵包（切片）	½ 條	糖	1 小匙
〔醬料〕		檸檬汁	1 小匙
酪梨（小）	1 顆	橄欖油	1 大匙
洋蔥	⅓ ～ ½ 顆	粗粒黑胡椒粉	適量
牛番茄（大）	½ 顆		
鹽	½ 小匙		

作法

1. 切片後的法國麵包先放入烤箱或氣炸鍋，以 160 度烤 3 ～ 5 分鐘，取出備用。

2. 分別把酪梨、洋蔥、牛番茄切成小丁狀，全部混合再加入所有調味料拌勻成酪梨莎莎醬備用。

3. 烤好的法國麵包上頭放上適量的酪梨莎莎醬，即完成上桌。

Tips

❶ 酪梨莎莎醬的比例調配可以隨個人喜好，喜歡酸的就可以多加些檸檬汁，喜歡蒜頭、香菜也可以加入。只是要注意，其中的蔬菜加入鹽後會慢慢出水，味道會被稀釋，因此需要邊試味道邊調味喔！

❷ 酪梨莎莎醬很受歡迎，口味清爽、滋味卻濃郁，單純吃或搭配玉米片、夾白吐司當早餐都很適合。

Brunch 76

甜蜜蜜香地瓜燒

	需要器具	
30分鐘		氣炸鍋

材料

地瓜	1條
雞蛋	1個
玉米粉	1大匙
蜂蜜	適量
白芝麻（可略）	少許

作法

1　地瓜洗淨去皮，切成厚度約 0.5 公分的片狀。

2　雞蛋打勻成蛋液，加入玉米粉拌勻。

3　將切片的地瓜均勻裹上一層玉米粉蛋液，放上烤盤（網）。

4　以 180 度氣炸約 20 分鐘。（如有鋪烘焙紙，中途 10 分鐘左右要翻面並拿掉烘焙紙）

5　將氣炸好的地瓜取出，表面刷上蜂蜜，灑上少許白芝麻，繼續放入氣炸鍋，氣炸 5 分鐘即完成。

Tips

氣炸的時間依照地瓜切的厚度有所增減。

Menu
6

來點甜甜
心花開滿足味蕾提案

Brunch 77

奶香吐司麻糬

	需要器具	
20 分鐘		氣炸鍋

材料

厚片吐司	2 片
牛奶	200ml
蛋液	2 顆
糯米粉	適量
花生糖粉	適量
煉乳	適量

作法

1 厚片吐司去邊後，裁切成四等份備用。

2 吐司用牛奶浸泡，使其完全吸飽牛奶。

3 將吸飽牛奶的吐司取出，稍微擠掉多餘的牛奶。

4 將吐司均勻沾上蛋液，再裹上糯米粉。

5 吐司放入氣炸鍋，表面均勻噴上一些油脂，以 180 度氣炸 10 分鐘。

6 食用時再沾煉乳或裹上花生糖粉即完成。

Brunch 78

私藏吐司布丁

| 20 分鐘 | 需要器具 | 湯鍋 | 烤箱 + 氣炸鍋 |

材 料

吐司（切小丁）	2 片
蛋	1 個
牛奶	130ml
砂糖（可自行斟酌）	20g
鮮奶油	20ml
糖粉	適量

作 法

1　取一小湯鍋，放入牛奶及砂糖，開小火稍微加熱並攪拌，讓砂糖溶解即可熄火。

2　將雞蛋打勻成蛋液，蛋液慢慢加入牛奶裡並拌勻。

3　加入鮮奶油拌勻。

4　烤皿裡排入吐司，倒入牛奶蛋液，靜置約 3 ～ 5 分鐘。

5　將烤皿放入氣炸鍋或烤箱以 170 度烤約 10 分鐘，取出後，在吐司表面撒上糖粉裝飾，即完成。

─── **Tips** ───

❶ 若使用烤箱需事先預熱 10 分鐘，並烤製約 15 分鐘。

❷ 也可加入新鮮水果、果乾增添風味。

❸ 前一晚可以事先把吐司浸泡在調好的蛋奶液裡冷藏備用，隔天早上取出直接烤即可。

Brunch 79

三角蘋果派

	需要器具	湯鍋	烤箱	or	氣炸鍋

10 分鐘
（準備內餡約 15 分鐘）

材料

吐司	3 片	砂糖	20 ～ 30g
蛋液	1 顆	水	50ml
二砂	少許	檸檬汁	1 匙
〔餡料〕		肉桂粉	少許
蘋果	1 顆		

作法

1　蘋果洗淨、去除果皮，放入果汁機或食物調理機裡，打成細碎狀備用。

2　取一鍋，放入蘋果泥、砂糖、檸檬汁和水，用中小火熬煮至濃稠狀，水分幾乎要收乾，呈現果醬狀態。

3　加入少許的肉桂粉拌勻，即可起鍋備用。

4　取一片吐司，放上適量煮好的蘋果餡，四邊塗上蛋液，對折黏合成一個三角形。

5　表面均勻刷上蛋液，再灑上少許二砂，直接放入氣炸鍋或烤箱，以 180 度烘烤 6 分鐘即完成。

Tips

蘋果內餡可以在前一晚先製作完成，節省隔天的製作時間。

	需要器具	
10 分鐘		氣炸鍋

柚醬蘋果薄片

材料

吐司......................1～2 片

柚子醬或蘋果果醬......1 匙

蘋果（切薄片狀）......⅓ 顆

無鹽奶油（切小丁）...10g

肉桂粉..................少許

二砂（二號砂糖）......適量

作法

1　取一片吐司，均勻塗上一層果醬，再放上蘋果片及奶油丁。

2　灑上適量肉桂粉和二砂，放入氣炸鍋，以 170 度烤約 6 分鐘即完成。

| 15分鐘 | 需要器具 | 烤箱 + 氣炸鍋 |

Brunch 81

奶酥菠蘿饅頭

材料

饅頭⋯⋯⋯⋯⋯⋯⋯⋯⋯⋯⋯1 個
奶油（加熱融化備用）⋯20g
蛋黃液⋯⋯⋯⋯⋯⋯⋯⋯⋯1 個
砂糖⋯⋯⋯⋯⋯⋯⋯⋯⋯⋯少許

作法

1　撕掉饅頭最外層的表皮，用刀切出 9 ～ 12 宮格，不要切到底。

2　在饅頭表面均勻刷上一層奶油液，放入氣炸鍋或烤箱，以 180 度烤約 5 分鐘。

3　取出氣炸好的饅頭，再刷上一層蛋黃液，灑上適量白砂糖，繼續放入氣炸鍋或烤箱烘烤 5 分鐘，直至表面金黃即完成。

Brunch 82

法國奶油布丁燒

	需要器具	
20 分鐘		氣炸鍋

材 料

吐司	1 片
義美布丁	1 個
雞蛋	1 顆
牛奶	30ml
焗烤用起司絲	適量
奶油	1 小塊

作 法

1　雞蛋加入奶油後均勻打散成蛋奶汁。

2　放入吐司，讓吐司充分吸附蛋奶汁。

3　取一平底鍋，開中火熱鍋，放入奶油後轉小火，放入吐司，煎至兩面微金黃即起鍋備用。

4　把煎好的吐司中間用湯匙壓出一個圓形凹槽，倒入布丁。

5　布丁周圍灑上起司絲，放入氣炸鍋以 170 度烤 7 分鐘，即完成。

Tips

挑選布丁要注意，需使用「烤」布丁，才不會遇熱融化，一般常見的統一布丁不適用。

Brunch 83

香蕉法式可麗餅

| 15 分鐘 | 需要器具 | 平底鍋 |

材料

〔麵糊〕

牛奶	70ml
雞蛋	1 個
糖	20g
鹽	少許
低筋麵粉	60g

無鹽奶油（隔水加熱融化備用）…10g

〔調味料〕

| 蜂蜜或煉乳或巧克力醬 | 適量 |
| 香蕉（切片） | 1 根 |

作法

1 取一鍋，放入牛奶、雞蛋、糖、鹽，攪拌拌勻。

2 加入過篩後的低筋麵粉混合拌勻。

3 加入融化後的奶油拌勻，再過篩（麵糊會比較細緻），麵糊即完成。

4 取一不沾平底鍋，開中火熱鍋後轉小火，鍋裡刷上薄薄一層油，放入適當麵糊，用湯匙背面畫圓抹開成圓片，煎到兩面金黃即可起鍋，再重複動作繼續做數片。

5 將煎好的可麗餅呈盤、放上切片好的香蕉，再淋上喜歡的蜂蜜、煉乳或巧克力醬就完成。

Tips

麵糊可以在前一晚就先調好，密封後放到冰箱冷藏，隔天就能直接使用，除了省時之外，經過靜置過後的麵糊，做出來的鬆餅口感更美味。

Brunch 84

甜蜜杯子小蛋糕

15 分鐘　需要器具　烤箱　or　氣炸鍋

材 料

無鹽奶油（室溫軟化備用）	30g	鬆餅粉	100g
雞蛋	1 個	白芝麻或其他堅果	少許
糖	20g	烤盅／烤杯	數個
熟香蕉（大）	1 根		

作 法

1　把奶油、雞蛋、糖，放入食物調理機打勻。

2　放入熟香蕉打勻。

3　放入鬆餅粉，攪打成均勻的蛋糕麵糊備用。

4　將麵糊倒入烤盅或烤杯，約 7～8 分滿即可。

5　表面灑上白芝麻或堅果，放入氣炸鍋或烤箱，以 170 度烤約 10 分鐘
　　即完成。

--- Tips ---

❶ 若準備的容器較大、裝的麵糊多，烤的時間就需延長，需視情況調整。

❷ 出爐前可先用牙籤插入蛋糕確認熟度，若牙籤拔出後，上面沒有沾裹麵糊，
　　表示蛋糕烤熟了，可以出鍋。

❸ 使用有黑斑點的熟香蕉，香氣更濃郁。

Brunch 85

泰式煉乳煎餅

15 分鐘　需要器具　平底鍋
（不含麵皮製作）

材料

〔麵團〕

中筋麵粉⋯⋯⋯⋯⋯⋯80g

滾熱水⋯⋯⋯⋯⋯⋯⋯30ml

冷水⋯⋯⋯⋯⋯⋯⋯⋯20ml

〔餡料〕

雞蛋⋯⋯⋯⋯⋯⋯⋯1 個

香蕉⋯⋯⋯⋯⋯⋯⋯⋯⋯1 根

〔其他材料〕

橄欖油或其他液態油脂⋯⋯⋯少許

無鹽奶油⋯⋯⋯⋯⋯⋯⋯⋯少許

作法

1　麵粉加入熱水後拌勻，再加入冷水拌勻，搓揉成麵糰。

2　手上倒一點橄欖油，均勻抹上麵團表面，蓋上保鮮膜鬆弛 1 ～ 1.5 小時。

3　桌上抹少許橄欖油防沾，取出麵團用桿麵棍桿成薄片。

4　雞蛋打勻成蛋液，加入切片香蕉混合，備用。

5　取一平底鍋開小火加熱，放入少許無鹽奶油，待奶油稍微融化後放入薄麵皮，麵皮煎得有點透明時倒入香蕉蛋液，將香蕉稍微鋪平，再把上、下、左、右的面皮往中間折成四方型，再翻面續煎，直到餅皮兩面金黃酥脆，即完成。

=== Tips ===

❶ 食用時淋上煉乳更美味。

❷ 餅皮可以提前做好冷凍備用，隔天直接使用不用退冰。

❸ 餅皮也可以直接用市售潤餅皮（春卷皮）取代，也非常酥脆好吃。

Brunch 86

荷蘭草莓布丁鐵鍋鬆餅

25 分鐘 | 需要器具 | 烤箱

材料

〔麵糊〕

蛋 ⋯⋯⋯⋯⋯⋯⋯⋯⋯⋯1 個

糖 ⋯⋯⋯⋯⋯⋯⋯⋯⋯⋯20g

鹽 ⋯⋯⋯⋯⋯⋯⋯⋯⋯⋯1 小搓

牛奶 ⋯⋯⋯⋯⋯⋯⋯⋯⋯50ml

低筋麵粉 ⋯⋯⋯⋯⋯⋯⋯30g

〔其他材料〕

奶油 ⋯⋯⋯⋯⋯⋯⋯⋯⋯⋯10g

糖粉（裝飾表面，可略）

任何喜歡的水果、蜂蜜、煉乳、布丁

作法

1 將鑄鐵鍋或烤盅先放進烤箱預熱，以 180 度預熱 10 分鐘。

2 將蛋、糖、鹽混合，用打蛋器攪打均勻。

3 加入牛奶、麵粉拌勻成麵糊備用。

4 烤盅預熱好後先放入奶油，融化後倒入調好的麵糊，以 200 度烤約 10 ～ 15 分鐘，直到鬆餅整個澎起、表面金黃，即可出爐。（出爐後因空氣排出，會變得扁塌是正常的）

5 放上布丁、喜歡的水果丁，再灑上糖粉、淋上蜂蜜，即完成。

Brunch 87

焦糖香蕉厚鬆餅

	需要器具	
15 分鐘		氣炸鍋

材料

〔麵糊〕

鬆餅粉⋯⋯⋯⋯⋯150g

雞蛋⋯⋯⋯⋯⋯⋯1 個

牛奶⋯⋯⋯⋯⋯⋯100ml

〔其他材料〕

香蕉（對剖）⋯⋯⋯½ ～ 1 根

砂糖⋯⋯⋯⋯⋯⋯30 ～ 40g

無鹽奶油⋯⋯⋯⋯20g

蜂蜜⋯⋯⋯⋯⋯⋯適量

作法

1 將鬆餅粉、雞蛋、牛奶混合，調勻成麵糊備用。

2 取一不沾平底鍋，開中小火加熱，倒入鬆餅麵糊，表面起蜂巢泡後，翻面再煎一下即可起鍋備用。（圓形鬆餅可以稍微折成四方型，或不折也無所謂）

3 取一乾淨的平底鍋，放入砂糖，開小火加熱至融化，再放入奶油使其焦糖化，再放入香蕉稍微煎一下即可起鍋。

4 將鬆餅和焦糖香蕉呈盤，灑上糖粉、淋上蜂蜜即完成。

Tips

鬆餅麵糊依照不同品牌有不同的比例，請參考包裝後的調配比例。

Brunch 88

肉桂蘋果鬆餅

	需要器具	
20 分鐘		平底鍋

材 料

〔餡料〕

蘋果	1 顆
糖	40 ～ 50g
檸檬汁	1 小匙
水	100ml

〔麵糊〕

鬆餅粉	150g
雞蛋	1 個
牛奶	80ml

〔調味料〕

無鹽奶油	少許
肉桂粉	適量

作 法

1　蘋果洗淨（皮可去也可不去），橫切成一片片厚度約 0.7cm 的圓片狀，中間籽挖除備用。

2　鍋子裡放入切好的蘋果、糖、水、檸檬汁，中小火煮至蘋果軟化，湯汁快收乾、呈現微濃稠狀。

3　鬆餅粉與雞蛋、牛奶混合，調勻成麵糊備用。

4　取一平底鍋，開中火熱鍋，放入奶油後轉小火，將蜜好的蘋果一片片均勻沾裹上麵糊後，放入平底鍋裡煎到兩面金黃即可起鍋。

5　呈盤後灑上適量的肉桂粉，即完成。

—— Tips ——

❶ 蜜蘋果的前置作業可在前一晚先製作完成，會更節省時間。

❷ 麵糊狀態要比一般做鬆餅的麵糊還要濃稠些，以利巴附在蘋果上，請依照實際麵糊狀況調整牛奶多寡。

memo

MATRIC

松木多元性能の電烤盤

不沾塗層

分離式烤盤

高深鍋蓋

無段式調溫

深煎盤　　　　　章魚燒烤盤

人気
No.1

國家圖書館出版品預行編目資料

快速簡單.健康美味.好好吃早午餐元氣料理：香蕉法
式可麗餅、和風燒肉口袋吐司、韓式海苔鮮香飯卷，
88道以愛和營養調味的幸福早午餐人氣提案／艾蘇美
作. -- 初版. -- 臺北市：春光，城邦文化出版：家庭傳媒
城邦分公司發行，民110.11
　　面；　公分 (Learning)
ISBN 978-986-5543-58-7(平裝)
1.食譜

427.1　　　　　　　　　　　　　110017338

快速簡單.健康美味.好好吃早午餐元氣料理

香蕉法式可麗餅、和風燒肉口袋吐司、韓式海苔鮮香飯卷
88 道以愛和營養調味的幸福早午餐人氣提案

作　　　　者／艾蘇美
企劃選書人／王雪莉
責任編輯／張婉玲

版權行政暨數位業務專員／陳玉鈴
資深版權專員／許儀盈
行銷企劃／陳姿億
行銷業務經理／李振東
副總編輯／王雪莉
發　行　人／何飛鵬
法律顧問／元禾法律事務所　王子文律師
出　　　版／春光出版
　　　　　　城邦文化事業股份有限公司
　　　　　　台北市104民生東路二段141號8樓
　　　　　　電話：(02)25007008　傳真：(02)25027676
　　　　　　網址：www.ffoundation.com.tw
　　　　　　e-mail：ffoundation@cite.com.twcom.tw
發　　　行／英屬蓋曼群島商家庭傳媒股份有限公司城邦分公司
　　　　　　台北市104民生東路二段141號11樓
　　　　　　書虫客服服務專線：(02)25007718.(02)25007719
　　　　　　24小時傳真服務：(02)25170999.(02)25001991
　　　　　　服務時間：週一至週五09:30-12:00.13:30-17:00
　　　　　　郵撥帳號：19863813　戶名：書虫股份有限公司
　　　　　　讀者服務信箱Email：service@readingclub.com.tw
　　　　　　歡迎光臨城邦讀書花園　網址：www.cite.com.tw
香港發行所／城邦（香港）出版集團有限公司
　　　　　　香港灣仔駱克道 193 號東超商業中心 1 樓
　　　　　　電話：(852) 2508-6231　傳真：(852) 2578-9337
　　　　　　E-mail：hkcite@biznetvigator.com
馬新發行所／城邦（馬新）出版集團　Cite(M)Sdn. Bhd
　　　　　　【Cite(M)Sdn. Bhd】
　　　　　　41, Jalan Radin Anum, Bandar Baru Sri Petaling,
　　　　　　57000 Kuala Lumpur, Malaysia.
　　　　　　Tel: (603)90578822　Fax: (603)90576622

封面設計／徐小碧工作室
內頁排版／徐小碧工作室
印　　　刷／高典印刷有限公司

■ 2021年（民110）11月9日初版　　　　　　Printed in Taiwan

售價／399元

104 台北市民生東路二段 141 號 11 樓

英屬蓋曼群島商家庭傳媒股份有限公司
城邦分公司

- -

請沿虛線對折，謝謝！

愛情·生活·心靈
閱讀春光，生命從此神采飛揚

春光出版

書號：OS2023　　書名：快速簡單．健康美味．好好吃早午餐元氣料理
香蕉法式可麗餅、和風燒肉口袋吐司、韓式海苔鮮香飯卷，
88 道以愛和營養調味的幸福早午餐人氣提案

讀者回函卡

填寫回函卡並寄回春光出版社，就能夠參加抽獎活動，有機會獲得一台「松木多元性能の電烤盤」！（市價 $3980 元）

※ 收件起訖：即日起至 2021 年 12 月 31 日（以郵戳為憑）。

※ 得獎公布：共計 5 名，得獎公告時間與活動詳情請查閱春光出版粉絲團貼文公告。

注意事項：
1.本回函卡影印無效，遺失或毀損恕不補發。
2.本活動僅限台澎金馬地區回函。
3.春光出版保留活動修改變更權利。

春光出版粉絲團　　摩恩斯精品生活館官網

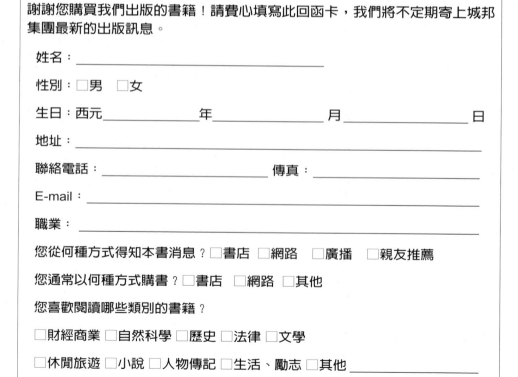

謝謝您購買我們出版的書籍！請費心填寫此回函卡，我們將不定期寄上城邦集團最新的出版訊息。

姓名：＿＿＿＿＿＿＿＿＿＿＿＿＿＿＿＿＿＿＿＿＿＿

性別：□男　□女

生日：西元＿＿＿＿＿＿年＿＿＿＿＿＿月＿＿＿＿＿＿日

地址：＿＿＿＿＿＿＿＿＿＿＿＿＿＿＿＿＿＿＿＿＿＿＿

聯絡電話：＿＿＿＿＿＿＿＿＿　傳真：＿＿＿＿＿＿＿＿＿

E-mail：＿＿＿＿＿＿＿＿＿＿＿＿＿＿＿＿＿＿＿＿＿

職業：＿＿＿＿＿＿＿＿＿＿＿＿＿＿＿＿＿＿＿＿＿＿＿

您從何種方式得知本書消息？□書店 □網路　□廣播　□親友推薦

您通常以何種方式購書？□書店　□網路 □其他

您喜歡閱讀哪些類別的書籍？

□財經商業 □自然科學 □歷史 □法律 □文學

□休閒旅遊 □小說 □人物傳記 □生活、勵志 □其他＿＿＿＿＿＿＿＿